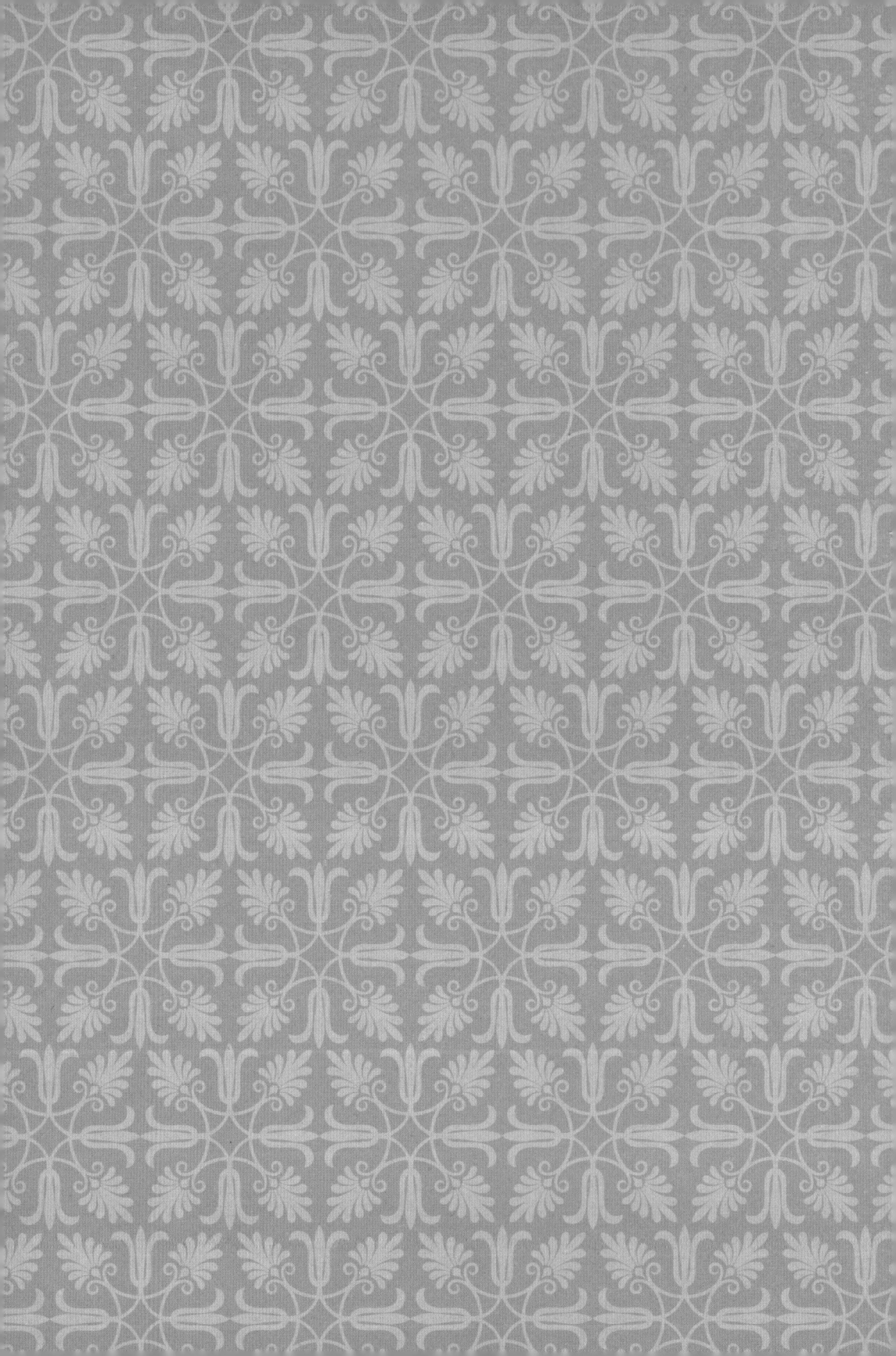

魔法声音控制术

高 永◎编著

你仔细听，试试能不能听到海豚的声音。

海豚会讲话吗，它怎么和师傅交流？

金盾出版社

内 容 提 要

我们所处的是一个喧闹美妙的世界,而造成这种世界的就是声音。声音永远无法被取代,我们都不敢想象,要是这个世界上没有声音,这个世界会是一个什么样子。本书详细地为你讲述了关于声音的一切知识,你还在等什么呢?

图书在版编目(CIP)数据

魔法声音控制术/高永编著. — 北京:金盾出版社,2013.9(2019.3 重印)
(科学原来如此)
ISBN 978-7-5082-8483-5

Ⅰ.①魔… Ⅱ.①高… Ⅲ.①声—少儿读物 Ⅳ.①O42-49

中国版本图书馆 CIP 数据核字(2013)第 129546 号

金盾出版社出版、总发行

北京太平路 5 号(地铁万寿路站往南)
邮政编码:100036 电话:68214039 83219215
传真:68276683 网址:www.jdcbs.cn
三河市同力彩印有限公司印刷、装订
各地新华书店经销
开本:690×960 1/16 印张:10 字数:200 千字
2019 年 3 月第 1 版第 2 次印刷
印数:8 001~18 000 册 定价:29.80 元

前言

　　"是谁在敲打我窗，是谁在撩动琴弦，那一段被遗忘的时光，渐渐地回升出我心坎……"这首老歌通过聆听回想一段美好的旧时光，蔡琴那淳厚沉稳的女中音缓缓地让我们跟随她的歌喉完成了一次声音的奇妙旅行。

　　造物主让这个世界有了各式各样的声音：清晨，你在父母的呼唤或者可爱的闹钟提醒后起床，叫上几个小伙伴一起出门上学，一路上你们说说笑笑、好不快活，偶尔几声小鸟的鸣叫似乎也在配合你们的笑声；街道上行驶过的车辆喇叭此起彼伏，大家都是赶路人，来到学校和老师、同学打招呼，美好的校园一天就此开始。课堂上，老师们耐心地讲课，"师者，所以传道授业解惑也"，老师把自己的知识讲述给同学们听，反反复复地强调重难点，声音是沟通的媒介，通过声音，老师对学生进行知识的灌输"丁零零……"打铃声的响起表示下课，大家经过课间段时间的休息调整，才能更有状态地开始下一堂课。放学后，和家人在饭桌上一一地相互聊起今天一整天的有趣事，晚上看电视，被生动有趣的电视节目逗得哈哈大笑……

　　我们每天都生活在有声的世界里，可以想象如果没有声音，那么我们的生活将会变得多么单调乏味，我们帮助耳疾患者装上助听器，希望他们也能够像我们一样，可以听到大自然的一切天籁之声、感受美好生活。

越是习以为常的，就越是容易忽略。也许很多人对声音并没有一个比较明确的认识，在他们看来，所谓声音就是可以听得见的声响、声音就像交通工具一样给人们提供很多方便。其实，声音也是一门大学问哩，你每天都能听得到的、最熟悉不过的声音，你知道它是怎么产生的吗？你知道为什么人可以听见声音，人能够听到多大的声音的吗？

世界上的东西总是多元化的，男性的声音和女性的声音有明显的区别，每一个人的声音也不一样；就算是动物之间，声音也各有特色，可爱的"喵星人""喵喵"的叫声让人们心生爱怜、忠诚的"汪星人""汪汪"的声音好像在对主人表达忠心；还有电风扇吹动的声音、汽车发动时的声音、海潮的拍岸声……太多太多不同的声音每天都在世界各地此起彼伏地响起，这真是一件奇特的事情！

在这本书里，我们还讲述了关于声音其他容易被人忽略的"冷知识"，比如，丹田发音是怎么回事、声能可以把玻璃震碎、声波的干涉；此书还向大家介绍了音色、声调、回声、噪音、超声波、次声波等知识；除此之外，也谈到了扩音器、电子琴是怎么让声音变大或者把音色改变。这本书里对目前声音武器也有简单讲解，让读者对如今的前言科技有所涉猎。

我们的生活离不开声音，我们不可能长期生活在"安静地连一根针掉在地上的声音也能够听见"的环境里，因为有时候没有一丝的杂音的死寂会使人感到无所适从，我们也难以想象无声的世界是怎样的永色。与我们日夜相伴的声音是美好的，相信读完此书，读者会对声音有一个更加深入的了解和认识。

目录

CONTENTS

目录

CONTENTS

目录

声音是怎么产生的

◎智智和妈妈正在逛街，街道上许多商店
放着大喇叭，做促销宣传。

◎智智捂着耳朵。

◎妈妈指着几个店家。

◎走过这条街后，智智对妈妈说"我知
道了，刚才的吵闹声是商店的喇叭发出
来的。"

> 声音就是从那边传来的。

> 好吵呀！

声音是由谁发出的？

有一样东西，它看不见摸不着，我们从小到大时时刻刻都在使用它。没有它，人们的生活将会产生巨大的不便，这个世界的丰富多彩也将要大打折扣。它是什么呢？它就是声音。从人们刚来到世界呱呱坠地的哭声，到大自然的风声雨声，我们始终都生活在有声的世界中，可是，声音到底是怎么产生的呢？

在解答声音是怎么产生的问题之前，我们先来了解一下声音是由谁发出的。

想想我们生活中的种种细节，用铅笔在作业本上写字时，笔尖和纸张摩擦着，发出"沙沙"的声音；穿行在街道上，车辆的喇叭声不绝于耳；看到妈妈在厨房里忙碌时，还能听见锅碗瓢盆相碰撞的声响……

由此看来，声音是由物体发出来的。可是，这还远远没有达到问题的关键，到底物体是怎样发出声音来的呢？我们都来当当小科学家，一起通过一些小实验来一步步探究声音产生的过程。

先拿出一个体育课常用的小口哨，用嘴用力一吹，"嘘——"，声音大并且还刺耳；再伸出自己的双手鼓掌，在两手相碰的一瞬间，我们可以听见"啪"的一声；女孩子们拿出平常系头发的橡皮筋，轻轻拉长再一弹，还能听见"嘣"的声音……那么，声音是吹出来的，是拍出来的，是弹出来的吗？

这些说法其实都没错呀，但是总感觉差了点什么。严谨的科学实验需要得出一个有共性的、概括性强的结论，而"吹""拍""弹"这些都是个别的动词，无法触及到根本的问题。当然了，在获得知识的道路上，我们是一步步朝前迈进的，现在，我们已经初步了解到了物体发出声音依靠的是吹、拍、弹等动作产生，那么，声音产生的根本原因是什么呢？

声音是怎么产生的？

我们换个思路，观察发出声音的物体都有哪些共同点：用双唇用力吹口哨，因为口哨形状的设计特点，口腔气流在小小的口哨中运动着、发出了声音，吹口哨时，还能感觉到口哨里小球的震动；当我们在拍手的时候，手掌会感到有点发麻，仔细地观察还能看见两手在相碰的瞬间使得肌肉挤压，当双手离开时，又恢复了原状；再看看弹橡皮筋的情况，

把橡皮筋的一端拉长再松开时，还能够明显地看到橡皮筋地快速晃动。

如此看来，所有的发声物体都是在不同程度地"动"着。

为了佐证这个结论，我们用尺再来试一试。我们先拿出一把尺子放在桌边，让尺子伸出三分之二，一只手通过尺子按在桌面上，另一只手用力拨动悬在半空的尺子。我们可以看到，尺子伸出来的部分在不停地上下颤动着，还能够听到沉闷的"嘣——嘣——"的声音。随着尺子慢慢地停止振动，声音也逐渐消失了，这也说明了尺子在颤动的时候发声。

到现在为止，我们知道了，发声的物体都在振动，用简洁的语言来表示就是：声音是由物体振动所产生的。

人的说话声音是怎么产生的？

因为所有的声音都是由振动产生的，所以从本质上说，人的讲话声音也是由喉咙声带的振动产生的。当我们在讲话的时候，摸一摸自己的喉咙，可以感到阵阵的振动。

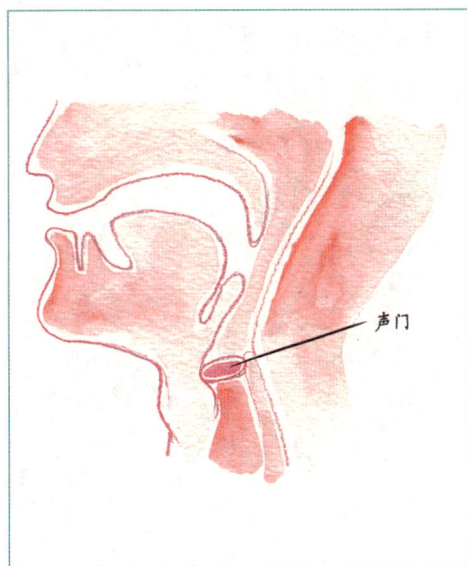

声门

我们的声音是由三大发音器官之一的声源区发出来的，所谓的声源区，俗称声带。空气经肺部气管呼出来时形成的气流会引起声带的振动，而经过声门，人体声带振动后随即就会引起周围空气的振动，说话声自然而然地就这样形成了。

小链接

关于声音，有不少有趣的科学研究，2011 年，外国科学家经过研究发现，"哆"音可能是人类发出的最早声音，这是伦敦罗汉普顿大学研究者的发现。

大约在 100 万年前，那时人类还远远没有进化到现在的程度。我们先人的发音器官构造相对于现代人来说，也"落后"得多。他们的喉咙管道类似今天的猿猴，比我们多出一个气囊，由于气囊阻隔了气流的通行，使得先人们的发音非常低沉深厚。与之共存的还有，他们的发音内容没有现在丰富，因为受气囊所限，有的语音无法发出。在不断进化繁衍后的今天，气囊逐渐消失，人们通过喉咙声带发出了各式各样的声音语言，通过交流，人类社会继续向前发展。

对于声音的研究，我们中国也丝毫不落后于国外。2012 年，首都师范大学的研究团队利用化石模拟出了"最古老昆虫声音"，这是侏罗纪时期的昆虫叫声，和现在的昆虫叫声也大不一样哦！

师生互动

　　学生：我明白了，声音是由物体的振动所产生的，那是不是所有振动的物体都发声呢？

　　老师：这个问题提得非常好，声音的确是由物体的振动产生的，但"所有振动的物体都发声"这个说法还不太准确。

　　回想一下我们刚做的两个实验，拉橡皮筋和拨尺子。橡皮筋振动的声音明显要比尺子拨动后的声音小，假如我们在很吵闹的环境下做拉橡皮筋的实验，那也许就听不到橡皮筋的声音了，这是不是就意味声音不存在了呢？肯定不是啊！

　　一般来说，物体振动肯定会产生声音。有的声音我们可以听见，但是有的声音人耳可能听不到。另一方面，声音也是需要经过传播才被我们听到的呀。如果此时不具备声音传播的条件，比如说，如果是在真空中，声音无法传播，我们还怎么能听得到声音呢。这儿，还涉及声音传播条件等问题，我们会在后面的实验中继续和大家一起学习探讨的。

我们为什么可以听见声音

◎智智家附近的一处工地完工，正在鸣炮。

◎智智正在做作业，他把窗户关了，声音还是很大。

◎妈妈给智智一个耳塞，智智戴上。

◎炮放完了，智智取下了耳塞。

听觉是怎样产生的?

在明朝时，无锡东林书院的创始人顾宪成曾撰写了一副对联："风声雨声读书声声声入耳，家事国事天下事事事关心"。声音为什么就可以"声声入耳"呢？常识告诉我们，眼睛看事物，鼻子闻味道，耳朵听声音，现在，我们一起来探讨耳朵是怎样听到声音的。

大家都有过这样的生活经历，每逢过节时放鞭炮，听到震耳欲聋的

鞭炮声，我们赶紧把耳朵给捂上，似乎声音小了许多。耳朵其实就是专门用来接收外面声音的器官，听觉就是靠人耳产生的。

"眼、耳、鼻、口、舌"是人们常说的"五官"，街头算命摆摊的人就是根据人的五官来占卜看相。耳朵是人以及其他动物的听觉器官，一左一右分别位于头部的两侧，由内耳、中耳、外耳三部分组成。耳朵仿佛是一个包罗万象的接收器，把外界的所有声响都揽过来，然后再一一接收处理，通过神经系统送到大脑分辨识别。

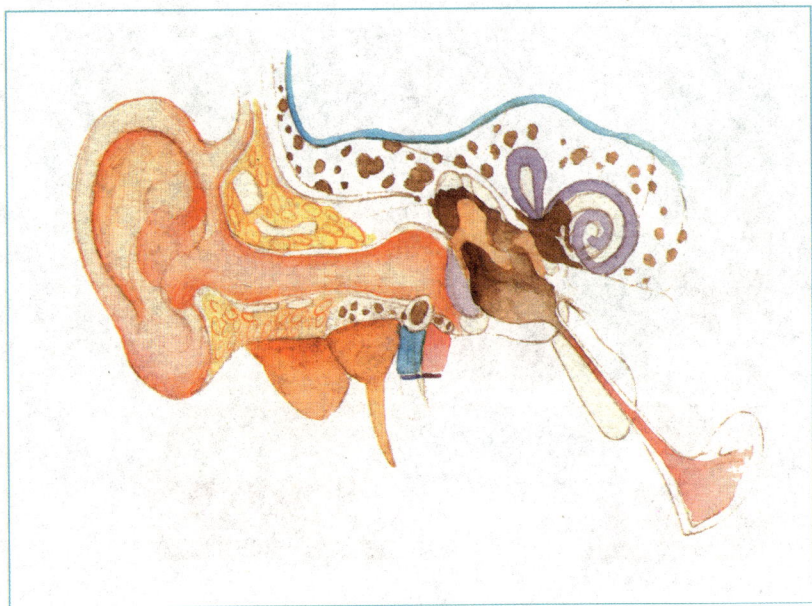

人体的器官都是相互连接的，耳朵也只是听觉系统的一部分，每个器官就如同兢兢业业的劳动者，它们在各自的岗位上辛勤工作、各司其职。我们来看看在这个流水线上，它们分别是怎么工作的。

在上一章中我们知道了声音是由振动产生的，声音在空气里振动的过程中会产生声波，而外耳很敏锐地捕捉到了。外耳迅速将声波收集起来，把声波通过外耳道传递到了鼓膜，这些声波随即也使鼓膜振动起

来，像多米诺骨牌效应一样，鼓膜的振动又带动了听骨链的运动。听骨链是由三块小骨链接而成的，呈杠杆状的优势让听骨链把鼓膜的振动能量放大了二十来倍，这样就有效补充了声音传播过程中的能量损耗。多米诺骨牌继续往下翻，听骨链带动了椭圆形小小的前庭窗，这时，耳内的毛细胞把声波转换为生物电，生物电经过脑神经输送到大脑中枢来识别。

人耳获取声音的过程非常复杂和烦琐，融合了声能、物理电解、化学能等一系列的能量转换，从声源的发声到被人所听到，只在短短的一瞬间，这真奇妙！

声音是如何传播的？

我们把人耳比作接收器，把一切发声物体看作是声源，是哪座桥梁把这二者连接起来的呢？会有人说，一定是空气吧，外耳不就是接收到了空气的振动才翻下第一张多米诺骨牌吗！不错，就是空气，就是这座连接声源和人耳的桥梁，声音就是在这座桥上从此岸抵达了彼岸，但可不只是一座桥哟。

声音依靠介质来传播，介质可以有很多种，比如，固态、液态物体。应用最为广泛的介质还是空气，日常生活中我们所听到的声音绝大多数都是通过空气来传播的。

我们来一个个地解释一下，通过一些生活中具体的例子，来感知声音是如何通过介质传播的。小时候都玩过"土电话"吧，准备两个纸杯，在杯底打上两个小孔，再用一条长线穿过两个孔，每个杯底系一个结。两人相隔一段距离各自拿一个纸杯把线绷紧，一个人对着纸杯说话，一个人用耳朵听，这时，你会发现听到的声音特别地清晰。再把纸杯放下，继续对话，声音明显没有那么清楚了。这说明了什么呢？为什么放下了"土电话"声音就弱了许多了呢？因为传播介质发生了变化，打"土电话"的时候，声音通过长线传播，放下后声音则是通过空气

在传播了。这个小小的游戏其实包含了两个道理，一是说明了声音不仅可以通过空气传播还能通过固体传播；二是声音在固体中的传播速度大于气体中的速度。再想想我们平常吃饭，闭着嘴巴咀嚼的时候是不是还可以听到"咂巴咂巴"的声音，这就是牙齿相互碰撞时口腔内的骨头在传声呢。

不仅仅是固体、气体，液体同样也能够传声。在水缸边敲打水里的石头，敲击声可以听见；在水里游泳，同样也能听到岸上的声音。

既然固体、液体、气体都能传声，是不是所有的物体都是介质呢？不是的，声音在真空是不能传播的。因为真空里什么都没有，没有任何东西可以把振动传送出去，声音自然也就无法传播了。

耳聋是怎么回事？

声音是个非常奇妙的东西，生活在有声的世界里，我们通过倾听来感知生活的变化体味生活的美好。可是，在这个世界上，还有一部分人

他们的世界是静默无声的，他们看上去并没有什么不同，但是却无法听到人们的呼唤，他们就是聋人。

聋人，也就是有听力障碍的人，他们因为遗传因素或者意外事件造成不同程度的听力减退，按耳聋性质大致可分为传导性耳聋、感音性耳聋、混合性耳聋等。

也许会有人想，为什么还会有耳聋呢，人的耳朵不是真空呀。其实，耳聋并不是因为没有了振动，而是有振动可是人的神经系统无法感知，就像是一座横跨两岸的桥突然断了半截。耳朵内部神经细胞的异常，导致了耳聋的发生。

聋人因为不能听见声音，他们即使可以发声，也无法进行确切的语言交流，固有"十聋九哑"的说法，他们多靠手语来进行交流。

小链接

德国著名的18世纪大音乐家贝多芬，一生中创作了大量的歌曲，被后人尊称为乐圣，受到许许多多热爱音乐的人的尊敬。可是，这个伟大的音乐家在正值青春年华的26岁就开始出现听力减退的现象，晚年时期，耳朵彻底失聪。

听力对一个音乐家来说何其重要啊，为了延续艺术生命，贝多芬把木棒的一头插进钢琴的共鸣箱中，用牙齿咬住另一头，通过这种"别扭"的方法来"听"声音。这也体现了固体传声的道理。

师生互动

学生：我们怎么保护耳朵呢？

老师：听力一旦失去就很难恢复回来，每年的3月3日是全国爱耳日。我们要保护好自己的耳朵，不仅要少用利器掏耳朵，还要注意避免让耳朵进水，平常要远离噪音，必要的时候去医院做听力检查。善待自己的耳朵，继续倾听大自然的曼妙之音。

为什么男声粗，女声细

◎妈妈在校门口接智智放学回家。

◎同学们看见校门口站着接自己的爸爸妈妈，都高兴地喊着："妈妈、爸爸。"

◎智智蹦蹦跳跳地来到了妈妈跟前。

◎妈妈牵着智智一边走着一边说"男孩子的声音和女孩子的声音不一样呀！"

男孩子的声音和女孩子的声音不一样呀！

我发现女孩子喊妈妈比男孩子好听呢。

声音粗细是怎么回事？

很多人一起大合唱时，如果是慷慨激昂的歌曲部分，音乐老师总是让男生们唱，而女生们则是唱千回百转婉转的乐声。想必几乎所有的人都会这么安排，因为男生们的声音雄厚有力，女生们的和声如同百灵鸟一般悠扬。一般来说，男生的声音粗，女生的声音细，今天，我们就一起来聊聊这个话题。

我们一般很轻松地就能够分辨出是男生在讲话还是女生在讲话，因为根据生活经验，男孩子的声音粗粗的，女孩子的声音相对轻柔的。还真是男女有别啊，而这种不同是由男女发声器官的差异造成的。

前面我们已经知道了人是因为声带的振动发出声音的，一般男生的声带比女生的长0.5或0.6公分左右，而声带长的话音色就比较低沉；声带短的，声音比较高亮，也正因为如此，女生的声音普遍听起来很"尖"。另一方面，男女声带的薄厚也不一样。男人的声带比较厚，女人的声带比较薄。这样一来，我们可以得知，男性的声带又长又厚，女性的声带又短又薄。

准备两把不同厚度的尺来做个小实验吧，两把尺放在桌子的边沿伸出一部分，其中稍厚的那把尺伸出部分更长一些；用同样的力度来拨弄这两把尺，将会看到，厚而长的那把尺振动次数在逐渐减少，"嘣嘣"

的声音也慢慢地变得越来越沉闷，而那个伸出部分短且薄的尺子振动频率明显比另一把尺子快。

这个小实验就是模拟了男女声带的振动现象，其实，男女不同的声音也正是体现了二者的突出特色：男性总是以雄伟强壮的形象出现，而女性常常是"温柔可人"的代名词。

男生有喉结，女生没有吗？

说到男女声音差异的时候，一定会有人想："咦，怎么没有提到喉结呢？男生有喉结女生没有喉结，这也是男女声音不同的原因吧！"其实呢，不论是男生还是女生，都是有喉结的，只不过男生的喉结更为明显。

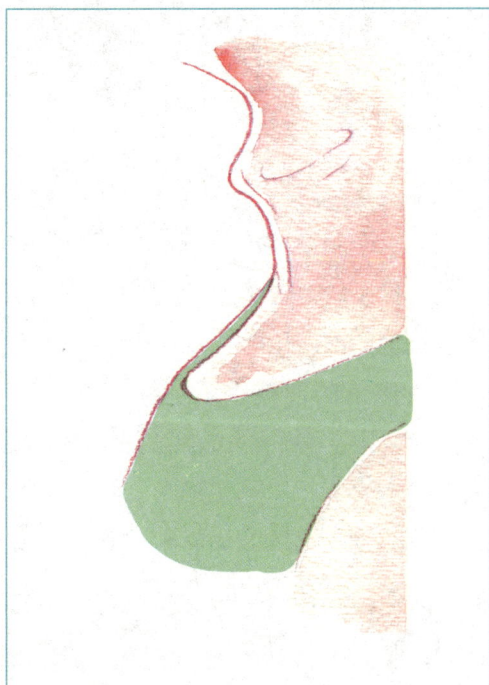

喉结，指的是在人们咽喉部位突起的软骨。当我们还是刚出生两个月的胎儿的时候，喉软骨就已经开始发育了，随着青春期的到来，雄性激素分泌增加，使得男性喉结突起。当然了，不要以为只有男性才有雄性激素哟。不管是女性还是男性都有雄性激素和雌性激素，但是男性的雄性激素比女性多，同样，女性的雌性激素比男性的多。总而言之，男女生都有喉结，但是男生的喉结看起来更为明显。有些女生的喉结也有些突起，这都是因为遗传或者内分泌失调造成的。

关于喉结，还有一个故事呢！西方的《圣经》故事讲到，居住在伊甸园的亚当和夏娃没有遵守上帝的旨意，夏娃没有经受得住蛇的诱惑，偷吃了智慧树上的苹果。当夏娃把苹果递给丈夫亚当吃的时候，亚当心中非常害怕，他焦虑不安地吃着，这时，一块果肉卡在了喉咙里，一个突出的结块因此形成了。上帝得知后很愤怒，他把亚当夏娃永远地驱逐出伊甸园，给亚当咽喉上赋予喉结的烙印，以示惩罚，让他铭记。

变声期声音就会完全变了吗？

男孩子们是否曾被女生取笑自己的声音是"鸭子声"？有的男孩子在中学时，声音发生了变化，听起来沙哑了许多，简直就像鸭子的叫声"嘎嘎"。有的男生会很委屈："为什么叫我鸭子声呀，我也不想这样啊"，其实，在变声期，男生的喉部会增大，声音听起来也会更加低而粗。

变声期指的是青少年在 13－16 岁阶段声音会发生相应地变化，男生的声音变得沙哑，女生的声音音调变得高而尖细。每个人变声期的到来各不相同，但都没有征兆。十几岁正是充满青春活力的时段，喜欢疯疯闹闹、喜欢追追打打，甚至喜欢大喊大叫。可是，当我们察觉到自己声音发生变化的时候，就要注意保护好自己的嗓子咯！变声期时的声带还比较脆弱，如果不加以注意，扯着大嗓子喊，对嗓子是不利的。

在有的青少年合唱团里，一些刚好到了变声期的少年，会被要求暂时退团或休养，等到变声期过了，再重新加入。

小链接

中国交响乐团附属少年及女子合唱团，于1983年在北京创建，从创建至今，荣获过多次国内外大奖，是世界七大童声合唱团之一。中国中央电视台银河少年合唱团成立于1961年，被称为是"亚洲最好的少年合唱团"，现归中央电视台管理。值得一提的是，著名歌手王菲、蔡国庆等都是从这儿成长起来的。

香港儿童合唱团，又简称"香儿"，从1969年成立以来应邀到不同的国家和地区演出，如今已经发展成为世界上人数最多的儿童合唱团。

师生互动

学生：合唱团里处于变声期的小歌手们要暂时退团，是不是到了变声期就不能唱歌了？

老师：变声期还是可以唱歌的。因为小歌手们在合唱团里需要接受系统的、高强度的专业声乐训练，这可能会给变声期脆弱的声带带来损害，考虑到这一点，他们在变声期时暂时退团。这也并不代表变声期就不能唱歌，变声期时需要小心保护好嗓子，避免给声带增加负担。

有些男孩子在变声期时的声音变化特别明显，不要忌讳"公鸭嗓"，出现这种情况不要焦虑自卑，更不要因为嗓音的变化而拒绝和一切人交流把自己封闭起来，这只是一个声音的过渡阶段，过了这个时期，声音就会好起来的。

每个人都能讲话吗

◎阿姨抱着刚出生几个月的婴儿到智智家做客。

◎智智逗小孩子玩，智智拉着婴儿的小手。

◎婴儿嘴巴流着口水，发出"咿咿呀呀"的声音。

◎智智耐心地教婴儿说话。

是不是人人都会说话？

　　我们都是从婴儿慢慢成长起来的，父母为了我们的成长花费了不少心血。初次降临这个世界时，我们只会哇哇大哭，直到可以勉强地叫出"妈妈，爸爸"，对父母的第一声呼唤让他们惊喜而欣慰。这差不多是每个幼儿必经的历程，但是每个人都是从不会说话到熟练掌握语言的吗？

有的科幻小说中会有这样一幕，一个刚出生的婴儿好似先知一样突然说了一句惊人的预示话语，于是一场大的变动开始……

这毕竟是科幻小说中杜撰的情节，是不符合常理的。每一个人刚出生时并不会讲话，根据行为主义学说的观点，婴幼儿通过后天的教育和训练模仿才逐步掌握语言交流讲话的技能。在通常情况下，只要没有发生发音器官的病变或者是语言神经系统的障碍，所有人对语言都是从陌生到熟悉的。

社会环境对人语言功能的形成也有重要的影响，上个世纪二十年代，在印度曾发现了两个"狼孩"，打猎的村民在狼窝中无意发现了由狼抚养的幼儿，一个七、八岁左右，另一个大概只有两岁，他们的生活习性与狼无异。四肢行走，不会说话，只会像狼一样的嗥叫。后来经医护人员悉心照料，并试图让他们回到正常人的轨道，但仍是无济于事，他们仍然无法使用语言交谈。

印度狼孩的遭遇让人同情，如果他们从小就能受到良好的照顾，如果他们没有"误入狼窝"，也许他们能成为普通的孩子，但是被狼抚养的经历让他们变成了不伦不类的"狼孩"。

为什么会有失语症？

当我们形容一个人非常惊讶、害怕、恐惧的时候，我们常常会说"××惊讶得说不出话来"，"××害怕得说不出话来"，××平常可都是能够正常地进行语言表达的呀，为什么碰到了突发情况就说不出话来了呢？这还只是短时间的"失语"现象，有的人则是因为种种原因不得不长期处在"无法说话"的状态，这就是我们接下来要讲的失语症。

UN GAT
A PARÍS

Una película de JEAN-LOU' FELICIOLI i ALAIN GAGNOL

失语症，这个提法是取自于希腊语的说法，指的就是不能说话。但失语症和哑巴不同的是，失语症患者能够发音，但是无法组合成有意义的话语，甚至有的失语症患者可以唱歌但也不能说话，失语症的状况是因为脑部神经中枢受损害导致的。

获得 2012 年第八十四届奥斯卡最佳动画长片奖提名的《猫的生活》讲了这么一个故事，小女孩左伊因为父亲的因公殉职和母亲的长期加班忙于破案而变得沉默不语一言不发，哪怕是危急时刻也没法讲话，后来犯罪团伙被缉拿归案，左伊的母亲回到她的身边，心结解开了，左伊也终于开始正常说话了。

人在神经高度紧张的时候会变得敏感而脆弱，有的还会像左伊一样出现"失语"的状况。这就提醒我们不管面临什么样的情况，都要坦然坚强地去面对。

口吃是怎么发生的？

在中国古代历史上，有两个人因为自己说话结巴的缺点，成为了成语"期期艾艾"的主人公。司马迁《史记·张丞相列传》里记载："臣口不能言，然臣期期知其不可；陛下虽欲废太子，臣期期不奉诏。"讲的是发生在汉代大臣周昌的一件事情，那时，刘邦想废除之前的太子，另立新太子。周昌为人耿直，但说话困难，不能完全表达自己的意思，无奈他只好说出了"臣口不能言……"的话。这就是"期期"的由来。

另一个故事是源自三国时期魏国将领邓艾，他有口吃的毛病，说话时总是"艾……艾……"，刘义庆《世说新语·言语》里记载，"邓艾口吃，语称艾艾。"

口吃的人常常是重复一个词，这种语言的障碍本质上是语言失调症。口吃的人在讲话过程中思维都是清晰的，他们渴望表达出心里的想法，但是不争气的嘴却怎么也说不顺畅。除了有一部分是因为遗传因素

外，更多的是心理原因。

有人一时紧张口吃了，旁边的人就会笑话："哈哈，结巴！"说者无心，听者有意，旁人的嘲笑会增加口吃者的心理压力，这样下去，情况就会越来越糟。如果我们身边人有口吃的毛病，大家千万不要取笑他，对他多一分耐心和倾听，引导他顺利地说话。

小链接

有些世界上的著名人物他们有着聪慧的头脑，却同时也是口吃患者，这也并不影响后人对他们的敬仰。

著名的科学家、现代科学的奠基人牛顿，他曾经就是一个口吃患者，还有达尔文、丘吉尔、亚里士多德等众多伟人都是口吃患者。美国总统林肯以其绝佳的演讲口才而著称，但是他从小说话口吃，为了克服这一点，林肯反复地诵读经典著作，最终战胜了口吃。

口吃并不可怕，英国科学家为了更好地进行对口吃者的研究，还建立了一个关于口吃者的网络图书馆。绝大多数的口吃都可以被矫正过来，这需要人们对口吃者多几分宽容和耐心。

师生互动

学生：原来说话也有这么大的学问啊！那我们怎么才能提高自己的交流能力呢？

老师：良好的语言表达能力可以帮助你获得更为广泛的人际关系，这对于当下的人们来说非常重要，但是语言能力主要是靠后天的训练培养而形成的。有的同学比较害羞，一和别人说话就紧张，这样的沟通怎么会有效率呢？每个人都羡慕台上滔滔不绝的演讲家，其实，只要我们肯努力，每个人都能够拥有好的口才。

平常积极参与一些社交活动，积累社会经验，多和别人说话交流，勇于表现自己；还可以一个人对着镜子做自我介绍，看看自己还有哪些不足之处；在空旷的场地上大声地读一些演讲稿，多看书，提高自己的修养……试着壮大自己的胆子，学会倾听，落落大方地和别人交流，才会赢得他人的喜爱。

为什么人的声音都不一样

◎ 六一儿童节,智智和妈妈正在路上走,
   街道上人很多。

◎ 智智和妈妈回头张望,却没有看到认识
   的人。

◎ 妈妈的同事张阿姨小跑过来。

◎ 智智开心地接过礼物。

听声音好像是张阿姨在喊你呢。

有人在喊我!

为什么人的声音都不一样?

中国古典四大名著之一的《红楼梦》对王熙凤的出场刻画,堪称经典。还没有见到王熙凤本人,却大老远地听到了她爽朗的笑声,"单唇未启笑先闻",而王熙凤的笑声也是曹雪芹对她的第一笔描写。"未见其人,先闻其声",对一个人熟悉之后,往往不看相貌通过声音就可

以分辨出。这是因为每个人的声音都是不一样的。

大大世界，万事万物都显现出它不同的色彩，也正是在千变万化中，我们才感受到了世界的奇妙，试想，如果所有的一切都是一个样，那还有什么意思呢？男人和女人的声音不同，这体现了男性阳刚、女性温柔的差别。更具体的是，每个人的声音都不一样。不同的女声展现了不同的柔声，不同的男声展现了不同的阳刚。也许有些人声音类似，但是仍有差异，而这些差异的根源，就是音色。

音色，单纯就字面意思来理解就是声音的特色。为什么每个人的音色不同呢？这又要回到"声音是由振动产生的"这个基本结论上了。人依靠声带的振动发声，还记得我们做过的尺子实验吗，每个人的声带长短、厚薄都有细微的差别，所以发出的声音也会不一样。不过，受遗传因素的影响，子女的声音和父母的声音可能会比较接近。

人和人之间的不同，不仅是表现在相貌上，还有声音上，世界是多元的，声音也因各不相同而变得丰富多彩。

影响声音音色的因素有哪些？

按照专业的说法，音色是声音的感觉特性。在相同的音高和同样的声音强度之下，发出来的声音也是能够被人们所区分的。实际上，音色的影响因素包括了发声体的材质构造、响度等。人的音色不同是因为他们的声带没有雷同，此处的声带就体现了发声体的材质结构对音色的影响。

哪怕同为女性，有的人音色可能更加甜美，有的可能声线略粗。如果把人的音色加以理论化数据化，它是由声波分解声波所分解成的简谐波的种类，及由每一简谐波所占的比例来决定的。有的时候，我们非常

乐于倾听某个人的讲话，觉得这个人声音悦耳动听，"像唱歌一样"，那是因为这个声音中的谐波成分比较多，所以音色显得曼妙。

　　振动的物体会产生声波，声波同时也可以分解出谐波。没想到，音色还挺复杂的吧？钢琴、二胡、小提琴，我们可以轻而易举地辨别不同乐器的声音，而且，这些乐器的制作和调音，也反映出人们对音色的研究应用。

　　有关声音的研究，统称为"声学"，声学是一门比较复杂的学科，根据研究对象可分为电声学、次声学、超声学、噪声学等。

关于音色的研究有哪些？

　　音色毕竟是声音中重要的特质属性，对于人们深入了解认识声音有重要的意义，有关音色的科学研究，也在逐年推进。近几年，一个新的学科进入人们的视野，那就是神经音乐学。

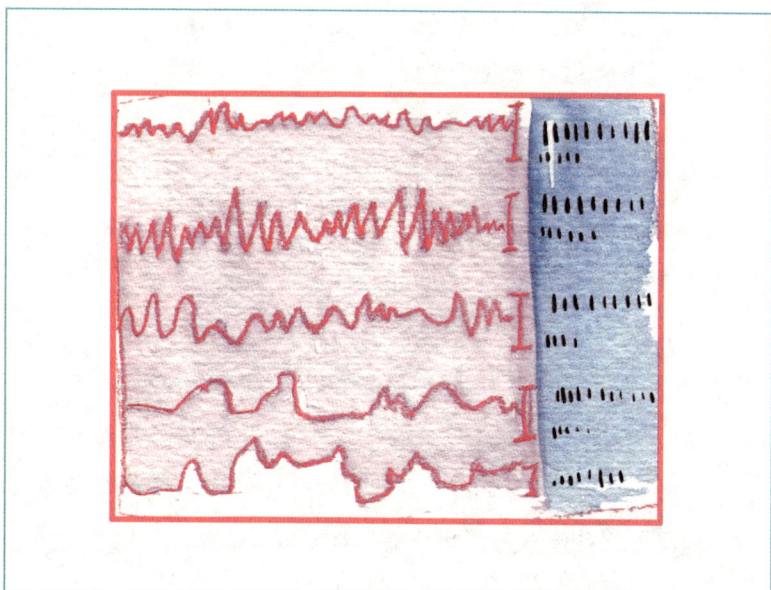

神经音乐学是基于人脑成像技术的发展，通过对脑电的音色感知进行研究，旨在达到深化人类对自身行为认知的目的。

"文章合为时而著，歌诗合为事而作"，音乐的产生也是因为人类情感的宣泄和抒发。在声学研究领域中，音色算得上是一个非常复杂的特性。和音频不同，人们很难把音色恰如其分地用语言或图案表现出来，"只可意会，不可言传"，它就像一个神秘的精灵挑拨着人类的求知欲。人的右脑负责对音乐的认知，而大脑对事物的反应体现在脑电上，神经音乐学就是对脑电图进行分析，试图在人类思想、情感和音色之间搭建起一座互通的桥梁。此外，神经音乐学的相关理论对与孤独症儿童的音乐教育也有很大的帮助。关于音色的研究还表现在歌唱艺术、乐器工艺制作上，相信随着科学技术的发展，人们对音色的了解会更加深入。

小链接

在一些时尚的电视娱乐节目里，我们总是可以看到有些年轻人可以完全用嘴来模仿架子鼓、键盘或者其他的配乐音，听起来很生动逼真。这是近10年来才从国外传到国内并迅速发展的一种音乐文化，它起源于美国。据说，最早是因为美国黑人们因为缺少乐器，他们就用嘴来模仿乐器的声音打节奏。现在，不少的街舞表演会用到B-BOX元素，几个穿着嘻哈风格的人在前跳舞，身后跟着的几个人拿着话筒打节奏。

B-BOX有些类似于中国传统的口技，身怀绝活的口技艺人惟妙惟肖地模仿自然界的各种声音。不过B-BOX的表演会更加夸张，不乏一些大声叫喊甚至是拍打自己嘴巴的动作。至今，国内外举办了多起B-BOX赛事，吸引了众多爱好者前来参加，而这个新兴的音乐形态也正受到越来越多的年轻人的喜爱。

师生互动

学生：听说有变声软件，真的可以变声吗？

老师：是的，变声软件的确可以变声。还记得动画片《名侦探柯南》吗？毛利小五郎的破案推理能力实在是不敢恭维，聪明的柯南为了帮助破案就会使用蝴蝶结来"扮演"毛利，柯南说话，但发出的是毛利的声音。在《名侦探柯南》中，蝴蝶结其实就是一个变声软件，可以把一个人的声音变成另一个人。可是，这个技术是怎么实现的呢？

变声软件的工作原理就是通过更改声音输入的音频率，使声音的音调、音色发生相应的变化，从而达到变声的效果。目前常见的变软件有混录天王、变声宝宝等，变声软件一般多用于娱乐和音乐制作上。

为什么有的人会声音嘶哑

◎智智感冒了，在诊所里打吊针。

◎妈妈递给智智一本课外书，智智开始
读书。

◎智智反复清了清嗓子。

◎妈妈摸了摸智智的头。

感冒了呀，所以声音嘶哑了。

我的声音都哑了，真难听。

为什么声音会嘶哑？

"假如我是一只鸟，我也应该用嘶哑的喉咙歌唱：这被暴风雪所打击的土地，这永远汹涌着的悲愤的河流……"著名诗人艾青写的这首《我爱这土地》表达了他对多灾多难的国土的满腔热爱之情。诗开头的那只歌唱的鸟已是"嘶哑的喉咙"，使读者动容。可以想象，鸟儿不间断地歌唱，必然造成嗓子的劳损，人也是如此。

平常说话还好生生的，突然这几天说话声音就变了，听起来沙哑了许多，声音也变粗了。哎，声音嘶哑了，这是怎么回事呢？

声音嘶哑，也叫做"声嘶"，是因为声带的病变导致发音的变化。有的是过度用嗓，超出了声带的负荷，有的则是因为喉咙疾病所致。

我们说话靠声带发声，声带原本是平滑而整齐的，并且富有弹性。过度用嗓或者是出现咽喉的病变后，就会让声带受到磨损；有的还会长声带息肉、声带小结，声带上多出了东西，发音自然也就和以往不同了。像慢性咽喉炎、喉结核等，对抗这类喉部炎症就好像是在打一场旷日持久的战役，炎症不轻易好，而且还很容易复发。短时间的发声过度造成声音的嘶哑，这大可不必紧张，只要稍加休息保护好嗓子，嘶哑现象就会消失。但是还有些声音嘶哑是咽喉疾病带来的并发症，这不能小觑。最怕的是咽喉部位长了恶性肿瘤，影响了声音不说，还有可能引起

癌变甚至危及生命。看来，有的声音嘶哑还是病啊！

如果发现出现声音嘶哑的状况，千万不要忽视，保护好嗓子，找出原因才是解决措施。

声音嘶哑也是职业病吗？

现代社会有一种病，它发病率高，波及范围广，而它的病人则是广大的劳动者。这不是哪种具体的病情，而是所有因职业活动才引发的疾病的总称——职业病。

每个职业的工作方式和工作特点都不尽相同，建筑工地上的工人长期接触石灰粉尘，容易患上尘肺；坐写字楼办公室的白领，尽管很多人都羡慕，但长期的伏案工作也会让他们比普通人更容易得肩周炎、颈椎病。2011年底颁布的《中华人民共和国职业病防治法》，其中把职业病

分为了尘肺、职业性放射病、职业中毒、生物因素所致职业病等十大类，并对这些"法定职业病"患者给予相应的医疗救助和经济补贴。

声音嘶哑目前还不属于《职业病防治法》中规定的十大法定职业病，但是它的确也是教师、歌手等常见的病症。

"师者，所以传道授业解惑也"，被誉为"人类精神工程师"的老师承担着教书育人的责任。他们在课堂上传授知识，但是长年累月地讲课也给他们的嗓子带来了一定程度上的伤害。据调查，有超过七成的老师处在亚健康的身体状态。上课是一方面讲课说话；一方面又在吸收粉笔粉尘，咽喉炎也成了教师这个职业极为容易患上的疾病。原来老师这个职业也不简单呀，以后上课要好好听讲，这样才是对老师最好的尊重。

声音嘶哑不需要做手术吗？

声音嘶哑的情况可能在每个人身上都会发生过，有的只需好好休息几天就能够痊愈，而有的情况比较严重，如果不到医院动手术，很有可能最后导致失声。

声带手术的原理其实比较简单，比如说有的人得了声带息肉，医生运用医疗手段把声带上新长出的部分切除即可。声带手术的术后修养非常重要，根据具体的病情会有相应的"噤声"期限，有的噤声一个月，有的要求噤声三个月。如果术后不遵守医嘱，那手术无异于是白做了，还适得其反。

想象也挺可怕的，一个月都不能讲话，这需要多大的毅力啊！所以说，我们要保护好嗓子。

小链接

著名的华语歌手阿杜于2002年推出专辑《天黑》后一炮走红，以其沙哑沧桑的嗓音在歌坛独树一帜，掀起了一阵"阿杜风潮"。

和阿杜天生的沙哑嗓音不同的是，杨坤的沙哑则是"因祸得福"。起初，杨坤只是一个默默无闻的北漂歌手，声音辨识度不高，也并没有什么特别之处。然而，他因为得了声带小结被迫做了手术，但是他没有遵守医生的要求，手术没过几天，热爱音乐的他忍不住唱歌，结果造成了嗓子出血，成了现在沙哑的嗓音。杨坤曾一度为自己的音乐前途伤心不已，可谁能想到恰恰是这沙哑的嗓音让他成了歌坛独特的风景。

内地歌坛的两个"大姐大"式的人物田震和那英，她们的声音也是沙哑、大气，不失质感，音乐情感表现力强，受到很多人的喜爱。

师生互动

学生：怎么预防声音嘶哑呢？

老师：谁都不想让自己好端端的声音突然嘶哑起来，但是声音嘶哑往往是没有预兆的，因此，我们需要的就是提前做好防御措施。在饮食上，多食清淡，少吃些烧烤、辛辣食物以免刺激咽喉；多吃蔬菜水果，多喝水。在日常作息上，要劳逸结合，注意休息，避免过度疲劳，生活应该有规律。如果出门时室外空气不好，记得戴上口罩，防止大量粉尘吸入。除此之外，还要避免大声讲话，更不要为了玩乐而撕扯嗓子，对声带不利。还要注意因服用药物而导致的嗓子嘶哑。

万一出现了声音嘶哑的状况要当心了，切忌过度用嗓，如果嘶哑状况持续多时还不见好转，就应当去医院做个全面地检查，对症下药。

声音嘶哑其实是在给我们的身体亮红灯，不论何时，我们都应该注意身体健康。

音调是什么

◎智智帮妈妈在厨房里做家务，广播里放
　着歌曲。

◎智智帮妈妈洗菜。

◎智智清了清嗓子。

◎智智没有唱上去。

什么是音调?

看一些选秀节目时,总能听到评委点评参赛歌手"你的调子起得太高了";上音乐课时,老师为了让我们更快地学会一首歌,在教的过程中,老师会说"这个歌调子很高,为了让大家掌握,我先把调子起得低些"……调子的高低有什么区别呢?一首歌曲有高音的时候,有的人没法唱上去,就会降低一个八度来完成这首歌的演唱。然而,音调

也绝对不是一个八度可以概括，接下来，我们一起走进音调、了解音调。

用最通俗的话来说，音调就是声音频率的高低，我们听一首歌时最直观的"高音"和"低音"的感受就显示了音调的差异。

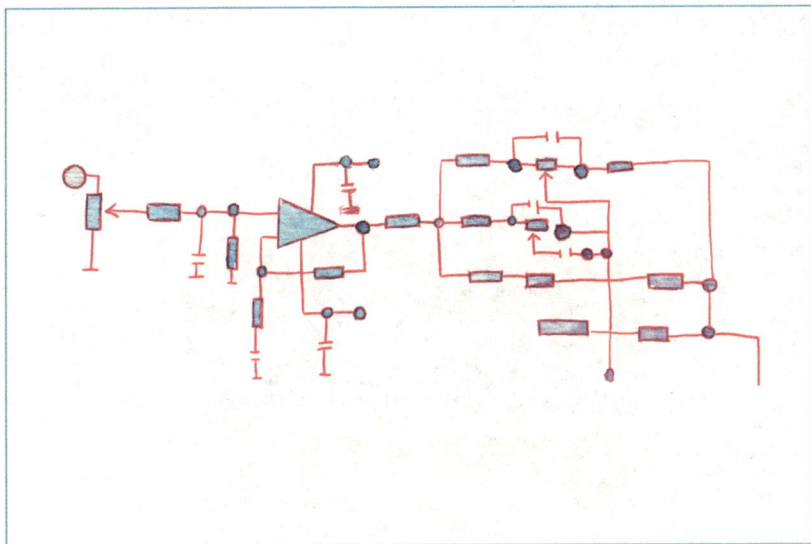

音调是声音的高低，物体振动得快，音调就高，反之，振动得慢，音调就低。女人的声音比男人音调高，小孩声音比老人的音调高；诸如吉他之类的弦乐，最细的弦发出的音调最高；而钢琴、电子琴则是从左往右音调依次增高。

音调对于我们来说，更多的是一种主观上的感受和评判；但在科研领域，音调的单位是美，符号是 mel，科学家们通过美来对音调进行具体准确的评估。

有些舞台技术人员，会采取音调控制，通过控电声路来改变音频，从而渲染气氛，增强音乐表现效果。

普通话的声调是音调吗？

　　普通话按照当今语言学界的定义是"以北京语音为标准音，以北方话为基础方言，以典范的现代白话文作品为语法规范的现代汉民族共同语言"。汉语拼音里有阴平、阳平、上声、去声四个声调（在方言

中，声调不只四种），四个声调是用来区分音高的，这也是汉语丰富多彩的魅力之一；同时，声调还是区别于其他语言的重要特性。"同字不同意，同意不同字，字同意不同，意同字不同"，这说的就是汉语的魅力，音调可以区分词语的意义，还能产生音律的"抑扬顿挫"之美。有的老外之所以汉语讲得别扭，很大程度上是因为他们的四个声调没有发音好。

汉语拼音中的声调其实也就是音调，概括起来是"一平、二升、三曲、四降"，比如"吃、迟、耻、斥"四者的发音部位相同但音高不一样。

音乐的音调和拼音一样吗？

音乐中的音调和汉语拼音有很大的差异，这还涉及一些乐理的理论知识。一般人都知道能发出 DO RE ME FA SO LA SI 七个音，记作简谱就是 1.2.3.4.5.6.7。其实这七个音相对应的是 C 大调、D 大调丨、E大调、F 大调丨、G 大调丨、A 大调、B 大调，这些"调"是根据调式主音（第一个音）的音高位置来起名的。也就是说在 C 大调里 DO 是1、RE 是 2，但是在 D 大调里第一个音是 RE、第二个音是 ME，在 E 大调里，第一个音是 ME、第二个音是 FA……以此类推。

钢琴上的中央 C 键就是 C 大调的标准音，吉他上的"品"也显示了不同的音调，通过变调夹，可以完成音调的转换，标准音 C 调、夹二品是 D 调、夹四品是 E 调等。

中国古代乐曲里，只有五个调，分别是宫、商、角、徵、羽五种，分别对应现在的 DO、RE、ME、SO、LA。

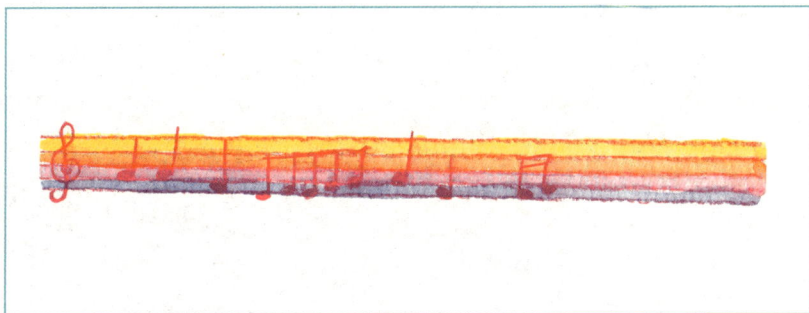

小链接

　　问问现在的年轻人，当今世界上最享有盛名的男高音是谁，也许很少有人会提起由卢恰诺·帕瓦罗蒂、普拉西多·多明戈、何塞·卡雷拉斯合称的"世界三大男高音"了，而是说"维塔斯"。

　　维塔斯，乌克兰歌手，因为他的海豚音在世界著称。他的声音可以跨越五个八度，歌声极具穿透力，2002年发布首张专辑《歌剧2》之前，他还只是一个默默无闻的小剧场业余演员，而现在，已经成为了全球闻名的大歌星。

　　和其他流行乐坛歌手不同的是，维塔斯身上笼罩着神秘的色彩，出道十几年来，他从来都没有接受任何一家媒体的采访。这让人们对他的了解仅仅只限于他的歌声和面貌，除此之外，没有其他。歌迷们不知道他内心的想法，也不知道有关他的讯息。关于他是怎么出道的，流传着这么一个故事：俄罗斯的一个经纪人偶然看到剧场里维塔斯活灵活现的表演，维塔斯能够在小孩、老人、少妇之间的声音里自由轻松地转换，这让经纪人大出意外，于是把他带到了莫斯科，就这样，"海豚音王子"出现在公众面前。

　　维塔斯这个出生于1981年的年轻歌手，他不仅仅只会飙高音，还是一个全才艺人，几乎每场演唱会的服装他都会亲自设计，他还参与电视剧、舞台剧的演出。宛如天籁般的纯净嗓音，英俊的外貌，给他的高音增添了一份美……

师生互动

学生：听说还有音乐治疗，音乐还可以治病吗？

老师：音乐的意义不仅仅只是在娱乐欣赏上，还可以治病。在古希腊时期，那时的人们就发现音调的高低对人们的情绪会产生影响，C 调平和、B 调哀怨、A 调高扬等，这也被广泛应用在歌曲创作上，普通的抒情歌曲很多都是 C 调，而有的奏鸣曲、进行曲就是 A 调。当我们感觉疲惫劳累时，很多人都会放一首舒缓的音乐让自己轻松；有时候突然听到一首节奏感很强的劲爆音乐，我们会觉得不适。这些都是不同音乐带来的影响。

利用音乐对人的影响，上个世纪四十年代，医学界出现了"音乐治疗"法。这种治疗方法被广泛用在催眠等精神治疗上，颇有效果。

有人做实验给植物听歌，结果显示听了歌的植物还能生长得更好呢！

回声是怎么产生的

◎ 晚上智智一个人在家做作业。

◎ 屋顶上一只蜘蛛"从天而降",出现在智智作业本上。

◎ 智智用一张纸把蜘蛛拍死了,但仿佛所到从家里又传"啊呀"的声音。

◎ 智智吸了一口气,心想着"回声听起来怪可怕的"。

回声是怎样产生的？

国产动画片《小兔子淘淘》里有一集故事是这样的：淘淘来到了山谷里对着山谷大喊"我是淘淘"，远处传来了好几声"我是淘淘"。小兔子生气地喊："我才是淘淘！"可是远处的又传来同样的话。远处看不见其他的人，小兔子不知道是谁在重复自己的声音，回去向妈妈说了这件事情，最后小兔子和回声成为了好朋友。那么，为什么回声会像

复读机一样反复重复呢？

　　有时，在空空的教室里说话，话音刚落后可以听见自己的声音，这就是回声。障碍物对声音的反射就是回声，从声源处发出的声音遇到了一片比较大面积的障碍物，其中一部分声波会被障碍物"反弹"回来，这就形成了我们人耳可以听到的回声。但是并不是在任何地方都可以听到回声，声源距离障碍物超过17米以上，才能分辨出回声。在狭小的空间里，人耳难以听清回声，因为回声传播所经路径较长，当两个声音的时间间隔不足0.1秒时，我们只能感觉自己的声音有所加强延长，而无法听到完整的回声。一般在悬崖、隧道、山谷处容易听到回声。有时候，回声就像一面镜子，你哭，它也哭；你笑，它也笑。

　　《小兔子淘淘》里，淘淘不知道回声是怎么回事，骂回声是"大坏蛋"，远方一连传来了好几声"大坏蛋"，听了妈妈的教诲后，它再次来到山谷前说"你好"，山谷回音"你好"。其实，不论什么时候，我

们都应该礼貌而友好啊!

　　回声悠扬缥缈,在某种程度上给人带来了一种听觉上的享受。很多音乐表演时,主办方还刻意制造回声效果来增强音乐的表现力,现在有专门的回音音效处理器,这个设备把输入模拟信号转换成为数字信号,加以延迟效果,从而人为地制造出了回声。

　　此外,在文学世界中,回声还有比喻意义,指一件事的影响或者是对于这件事的回复。

回声的应用有哪些?

　　回声在科技领域也有应用。耳熟能详的《泰坦尼克号》里的故事也许还让大家为露西和杰克的感情感动不已。那么,这艘沉船当年是怎么被发现的呢?这其中就应用了回声的原理。当年,美国科学家制造出回声探测仪,模拟回声的产生过程,探测仪向水下发出声波,人们通过

对反射回来的声波信号进行分析来确定船的深度和具体位置。

　　根据声音在不同环境中的传播速度，人们可以利用回声来测量距离。如今被广泛应用于军事的设备声呐，它的中文全称就叫做"声导航与测距"，声呐就是利用声波对水下目标进行探测和定位，是现代海军进行水下监测的重要技术。第一部声呐于二十世纪初被英国海军发明，在战争中，声呐可以侦查潜水艇；现在，声呐技术被广泛应用在海底资源的勘探上。

　　北京天坛的回音壁是皇穹宇的外围墙，其精巧的建筑结构无意中融合了声学原理，具有回音的效果。墙壁圆滑细密，是良好的声音载体，再经过弧形墙面地传送，就形成了回音。

回声需要消除吗?

　　回音音效处理器在没有不具备回声产生的环境下，可以制造出回声效果，但是有的时候人们却不得不消除回声。比如在电影院、歌剧院等

一些人多的场所，我们可以发现这些场所的墙壁摸上去坑坑洼洼不平。这么设计就是为了尽可能地多吸收声音，减少声音的反射，减轻回声现象。在这样又大、人又多的场合，如果回声现象太明显，那势必会产生许多噪音。

电视台在录影棚里做节目的时候，墙上也是凹凸不平、呈楔形状，这也是为了保证录音质量，避免回声和原声混合影响听觉效果。有的可以把墙壁做成"燕子窝"的形式，有的是铺上多孔瓷砖，有的则是挂着宽大的毛毯，有的音乐厅外观很奇怪……所做的这些都是为了吸收声音、让声音在多次反射中减弱能量。

小链接

维也纳音乐厅、波士顿交响乐大厅、阿姆斯特丹皇家音乐厅是世界三大著名音乐厅。

维也纳音乐厅是极具文艺复兴时期风格的建筑，音乐厅看上去犹如长方形的鞋盒。这个音乐厅距今已有近一百五十年的历史了，里面收藏了不少像舒伯特、莫扎特这类大音乐家们的手稿。维也纳音乐厅最享有盛名的是"金色大厅"，每年的维也纳新年音乐会就在这里举行，著名的爱乐乐团更是出自于此。

波士顿交响乐大厅是最早的一批用声学原理来建筑设计的音乐厅之一，整个舞台两侧墙壁向中间略微倾斜，大厅的装饰也充分考虑到消声。至今，音乐厅内的皮椅还是使用的1900年落成时的皮椅。这些都充分说明了波士顿音乐大厅制造者们的良苦用心。

阿姆斯特丹皇家音乐厅以其独特的音响效果而著称，从音乐厅传统的"鞋盒式"形状到它的内部装饰，还有木式结构，都加强了音乐的传导，让阿姆斯特丹皇家音乐厅成为演奏浪漫派乐曲的绝佳场所。

师生互动

学生：为什么有时候用手机打电话的时候也有回声呀？

老师：前面我们已经了解到只有当声源和障碍物距离超过17米的时候，人耳才能听到回声。我们有时用手机和别人通话的时候会从自己的听筒里听到自己说给别人的声音。之所以出现这个现象，一般有两个原因：一个是信号网络的问题，还有一个原因是听筒和话筒相隔太近，在这边说话的声音传到了对方的听筒里，对方听筒的声音又传到了对方话筒中，而对方话筒的声音反应在这边的听筒里，这样一来，我们就会从自己的听筒里听到自己的声音了。可千万不要误以为是通话的两个人距离隔得太远而产生的回声哟！

噪音也是声音吗

◎双休日，妈妈在家对着电脑还在忙

工作。

◎智智看电视，声音调得很大。

◎妈妈来到智智旁边。

◎智智听了妈妈的话。

把声音调小点好不好？声音太大影响妈妈工作的话，那它就是噪音了。

什么是噪音？

中午正在午休的时候，屋外的建筑工地传来了作业声；走在马路上，一排排擦肩而过的车子不停地按着喇叭；在阅读室里认真看书时，突然窸窸窣窣的讲话声划破了安宁……我们可以把这些声音统称为噪音，甚至如果任何一个我们不希望出现的声音在不恰当的时候出现了，我们都可以把它们视为噪音。

　　首先，噪音是声音；我们通常说的声音是"乐音"，而噪音是由于发音体不规则振动而产生的。噪音听起来没有规律，非常嘈杂刺耳，毫无任何美感可言。

　　衡量噪音大小的单位是分贝，用符号表示是 dB，20 分贝以下的声音是比较安静的，1 分贝是人耳刚刚能够听到的声音，70 分贝以上就很吵了。随着城市交通的不断发展，汽车也越来越多，现在很多马路上都安装了分贝仪来监测马路噪声。

　　分贝仪就是一种噪声检测仪器，它把接收到的声音转换成电信号，再经过其他的换算，就能够显示出此时的噪音分贝数。

　　噪音的主要来源有三种，一种是建筑噪音；一种是交通噪音；还有一种是生活噪音。建筑噪音具有阶段性特征，随着工程的完成噪音就会消失；交通噪音是长期的、持续的；生活噪音包括的范围很广，酒吧、

舞厅等娱乐场所的喧闹，以及商贩的叫卖声等都属于生活噪音。

丰富多彩的声音很美好，可噪音给人们的感觉却是烦躁。噼里啪啦的鞭炮声响起时，我们会本能地捂上耳朵，而据科学研究表明，如果人长期生活在 70 分贝以上的噪音环境里，对人体机能会产生负面影响。

怎么减弱噪音？

凡事都有利有弊，乐音带来了美妙的听觉享受，而噪音却像一个顽皮的捣蛋鬼，人人见了都想躲远。目前，噪音已经和水污染、大气污染并列为世界范围内三大最主要的环境问题，如何减弱噪音也成了一个迫在眉睫的难题。

从理论上来说，减弱噪音要从三个方面着手：声源处、传播过程、人耳处。比如在摩托车内燃机排气管上装消声器、运用相对润滑材料以

减少撞击摩擦来削弱机械噪声、有的城市路段对来往车辆实行禁鸣喇叭的措施，这些都是在声源处控制噪音。

有的家庭装修时可以把墙壁装饰得粗糙，因为过于光滑的墙壁会产生回声；有的位于路边的写字楼安装双层窗户，这样就能对室外的噪音起一定的抵御作用；马路上一排排的树木也起到了阻隔声音的作用。此外，就是从人耳处减少噪音，比如防噪耳机，戴上防噪耳机就能"耳不闻心不烦"了。

然而，上述的一些方法都是被动地减少噪音，要么是尽可能地让发出的声音变得小，或者干脆噤声。现在还新出了一项技术，充分发挥了人的主观能动性，做到了主动地"有源消声"。

它的原理是根据声源的发声频谱来制定出另一套顺序完全相反的频谱，从而达到相互抵消的效果，把声音扼杀在萌芽状态，这样就不会有声音产生了。

噪音有哪些危害？

人们借助各种各样的手段"治理"声音，究竟这恼人的声音有哪些危害呢？

噪音，是现代社会"无形的暴力"，它就像个定时炸弹一样潜伏在你我周围，说不定哪个时候就会突然爆炸。但是对噪音下一个确切的定义却不容易，音乐课上大家高高兴兴地唱着歌，这当然不是噪音，但是这些声音对于一个埋头复习功课的同学来说就是噪音了；自习课上大家大声朗读课文，这也肯定不是噪音，可是如果一个人晚上睡觉，邻居却在大声读书，这影响休息的读书声必然是属于噪音的。不管是大声唱歌影响了认真学习的同学，还是读书声打扰了邻居的休息，这些噪音只是给人带来了心理上的不满。如果是有的高分贝的噪音，还会给人造成听力损伤。

高分贝的噪音会造成人心脏血管伤害和内分泌紊乱，极易让原本就患有高血压的老人血压突然升高而危及生命。并且，人在噪音环境下待久了，普遍会表现出狂躁的情绪，容易激动。

噪音对动物也有危害，美国科学家用小白鼠放电子铃产生的噪音，小白鼠起初非常惊恐，约半个小时后小白鼠就死去了；还有人把豚鼠放在强噪声环境中，几分钟后，豚鼠死亡。

最令人惊悚的是1981年在美国的一场现代派音乐露天演唱会上，来观看演出的观众众多，震耳欲聋的声音从舞台响起后，竟导致了三百多人突然失聪，一百多台救护车紧急赶到现场救助；日本也出现过多起因无法忍受家附近工厂噪音而自杀的事件。噪音真恐怖啊！

小链接

尽管噪音给人们带来了非常多的苦恼和麻烦，但它也并不是一无是处，就像垃圾可以变废为宝一样，我们也可以利用噪音发挥出它对我们有利的一面。现在已有噪音除草器，这种噪音除草器发出噪音让埋在土里的杂草种子早早萌发，这样就可以除掉杂草种植农作物了；英国科学家还研制出了让噪音制冷的电冰箱。飞机场上为了保障飞机的起飞安全，还有专门的驱鸟装置，发出噪音驱赶鸟儿。

音乐可以治病，其实，噪音也可以应用在医疗上。有一种适合儿童的激光听力诊断装置，发出的微小噪声振动耳膜，装置根据回声反应的数据可以对耳膜功能进行诊断，这种装置诊断速度快，而且也不会对耳膜造成损伤。

师生互动

学生：我们不是科学家，能为减少噪音做点什么吗？

老师：可以！我们可以从生活噪音处着手，在家使用电器的时候注意，声音不要开得太大。如果电器出现了障碍要及时修理，平时多补充蛋白质，如果周围实在是太吵了，就戴上防噪耳塞。还要学会理解体谅周围人，不给别人制造噪音。减少噪音污染，还需要我们大家共同努力！

你听说过声音碎玻璃吗

◎ 智智和妈妈去看音乐会，表演结束后，全体观众起身鼓掌。

◎ 走出了音乐厅，智智的耳边还缠绕着音乐会观众鼓掌的声音。

◎ 妈妈指着街道上有一排风能路灯。

◎ 路灯的风车在转。

什么样的声音可以震碎玻璃？

　　给你一块玻璃让你打碎，你会用什么方法？可能很多人可以想到的就是把玻璃摔碎，如果不用摔的办法，还有什么手段可以使玻璃打碎呢？声音！声音也能够震碎玻璃。有人会想，真恐怖啊，声音都能够震碎玻璃，那我们在玻璃窗户旁边不就很不安全了吗？大家不用担心，一般情况下我们的声音是达不到震碎玻璃的条件的，可是声音震碎玻璃确

有其事哦！

　　震碎玻璃需要达到的一个条件就是"听到"了和玻璃同样或者类似的频率的声音，玻璃和这个声音达到了共振，于是玻璃被震碎。原理听起来很简单，但是能和玻璃产生共鸣的声音还真不好找，要让人声发出可以和玻璃共振的声音更是难上加难。一般来说，玻璃的频率在两万赫兹左右，但是人的声带频率最高不过是两千赫兹，仅为玻璃的十分之一。所以普通人讲话唱歌的声音是不对玻璃构成"毁灭性威胁"的，不过，有些高音就能够把玻璃震碎。还有人亲自上场演示了呢！

　　2005 年，在美国"探索"频道的节目中，摇滚歌手杰米·温德拉第一次在世人面前证明了人的声音可以震碎玻璃。他在节目当场尝试了12 个酒杯，随后他的声音在无意中击破了其中一只酒杯，这一幕也因此成为经典。据测量，杰米·温德拉击碎玻璃的声音音贝高达 105 分

贝，而标准电锯声的分贝也不过是 110。

2012 年杰米·温德拉首次来到中国，他与十几名中国民间"高手"一起参加了由一家内地电视台组织的"吼王大赛"。杰米·温德拉压轴上场，他发挥了自己的"狮吼功"，一连三个高脚玻璃杯在他的声音下都成了手下败将，也用自己的声音征服了内地的"中国吼王"李学东和"女版维塔斯"郑海燕。

什么是声能？

声音可以震碎玻璃，这说明了声音的力量，可以看作是声能。一切振动的物体都具有能量，声音也不例外，声能以声波的形式存在。当声源处发出声音之后，声波就会把声音向外扩散，声能所能作用到的范围就是声场。

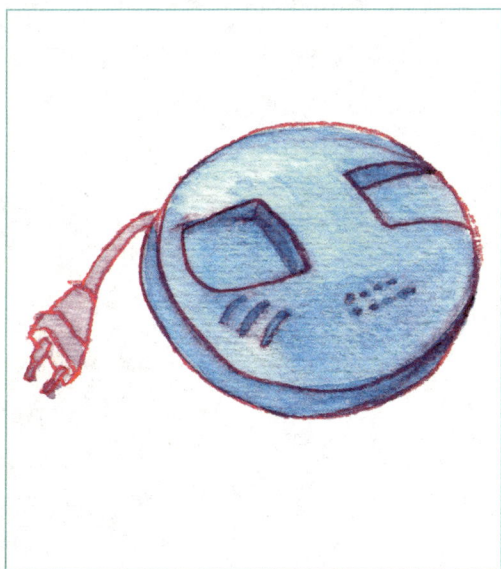

像电能、水能一样，声能也有广泛的应用，比如超声波洗衣机、电

子驱蚊器等。这些都是声能的作用。

超声波洗衣机体现了现代科技对声能的应用，传统洗衣机浪费水电，而且洗涤剂中的化学成分残留在衣服上被人体吸收了也不好。而超声波洗衣机则是用超声波把衣物上的脏东西"震下来"，仿佛是剥鸡蛋壳一样。这种洗涤方式无污染，还节省节约水电。不过超声波洗衣机还没有大规模推广，因为如果控制不好，超声波有可能会"不长眼睛"地把衣服都给震碎。

电子驱蚊器分为好几种，有一种模拟出雄蚊的声音来驱赶雌蚊，还有一种常见的电子驱蚊器像一个灯管，因为趋光性，蚊子向这个发出特定波长的"灯管"飞去，但是在飞往的途中蚊子就会被粘住。

有声能电话吗？

电话总归是一件让人高兴的事物，至少它让人与人之间的通信方便了很多，有什么紧急情况需要迅速通告，只要双方都有电话，几秒钟就

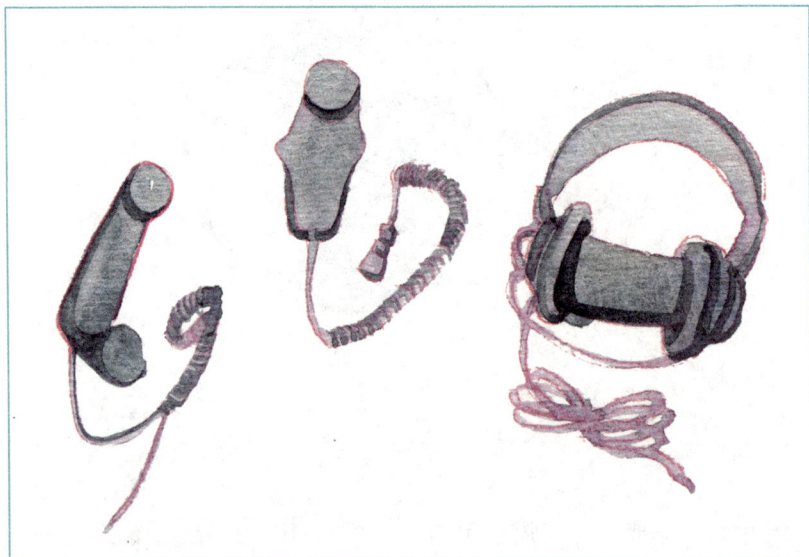

能解决。可是打电话并不是完全没有任何限制的，除了客观条件"有信号"外，如果此时没有电了，那没人可以打进你的电话了。

这算得上是烦心事，万一此时没有电了，万一此时需要和别人打电话，那再怎么心急火燎也是干着急。不过，声能电话就弥补了这一遗憾。

声能电话不需要其他的能源，只需要声音。对话者双方发出的声音带动电话机里膜片的振动、音圈的振动，完成通话。声能电话无需电源、操作简单，一般在发生灾难的时候会被大量应用，投放灾区用于救助，是救灾时的必用设备。

小链接

新疆木垒鸣沙山在 2010 年被吉尼斯总部授予"滑沙鸣响音量之最"的称号，木垒鸣沙山位于在古尔班通沙漠，令人称奇的就是那里的"滑沙"。时常能够听到宛如雷鸣般的声音随着细沙从上往下滑动，有的认为是静电发声；有的认为是摩擦发声；有的认为是共鸣放大导致的大声。

英国有一只名叫斯莫的猫的叫声也已经成功地申请了吉尼斯世界纪录，被认为是"世界最大嗓门猫"，它的叫声足足有 92.7 分贝，可以和一架波音 737 飞机降落时的声音一争高低。

人类最低音吉尼斯世界纪录是由美国歌手斯托姆斯保持的，他的低音低到了普通人无法听见的地步，低至 0.189 赫兹。斯托姆斯还是吉尼斯世界最宽广音域的保持者，他可以轻松地跨 10 个八度。

目前世界上巴掌拍得最响的是沈阳的某男子，吉尼斯纪录是 97.7 分贝，相当于是嘈杂马路上汽车急刹车的声音。

师生互动

　　学生：原来声音也有威力，《西游记》中唐僧念紧箍咒时悟空就头疼，这也是声能吧？

　　老师：这可以说是声音的力量，但可不是我们前面说到的声能哟？吴承恩在写《西游记》时之所以设定这个情节是为了让作品更有表现力。《西游记》是一部神话作品，里面带的情节安排并不是按照现实生活的逻辑来的。紧箍咒是咒语，唐僧念紧箍咒时孙悟空就会头痛不已，这是为了制服孙悟空的一种手段。就好比是有些童话中巫婆的咒语最终成为了现实一样，这不是科学意义上的声能，是文学作品中虚构的情节。

次声波是怎么回事

◎智智和妈妈一起看战争片。

◎机枪扫射，很多战士丧生了。

◎智智伸出手比划了一下。

◎妈妈看着智智。

次声波是什么？

有一种声音它极具穿透力，障碍物对它来说不过是浮云；有一种声音人感觉不到它的出现，但对人体却有很强的杀伤力，严重的还可致死；有一种声音如同挥之不去的幽灵，它可以长期滞留久久回荡；它就像个隐性杀手时不时地环绕在人们周围，它就是次声波。

次声波就是小于 20 赫兹的声波，有些自然现象会导致次声波的产

生，比如火山爆发、地震、龙卷风等，有些轮船航行、高音喇叭等人类活动也会产生。人的正常听力范围是二十至两万赫兹，次声波人类无法听到，不过有的听觉灵敏的动物可以听到。次声波穿透能力强，持续范围广，1960年智利大地震产生的次声波几乎是围绕着全球转了一圈，前苏联在1961年曾进行了核爆炸，产生了的次声波的威力绕地球三十五圈才消失。

次声波的危害也不小，十九世纪末一艘从新西兰前往英国的帆船神秘失踪，后来人们发现这艘船时惊呆了，船上一切都是老样子，连同死去多年的船员都保持着工作的姿势，没有任何的争吵搏斗的痕迹，船上的食物也都还在，不可能是因为饥饿致死。知道经过多方研究，科学家才断定他们是死于次声波。

次声波有哪些危害？

古语中说"道不同，不相为谋"，生活中的我们一直都在寻找能和自己志同道合的人，和志趣相同的人交流往往会让我们感到身心的愉悦，和他们交流思想使也能让我们感受到心意上的相通和共鸣；可是，"共鸣"并不是在所有的时候都是最好的，在有些情况下，谁和你共鸣了，甚至会导致你丧命。

在上个章节我们了解到之所以有的声音可以碎玻璃，是因为声音的高频率和玻璃产生了共振，在振动中，玻璃破碎。同样的道理，如果有声音频率和人体内脏器官产生共振，也会给人体带来伤害。

有些人会晕船，其中原因之一就是船在行驶的过程中人与海面的波

浪发生碰撞，次声波由此产生，人体感受到次声波后会器官会有强烈的不适，出现恶心、烦躁、头昏脑涨、耳鸣等症状。人体器官和次声波共振了，这多少让人觉得有几丝畏惧。有心脑血管疾病的人坐飞机时也需要谨慎，因为飞机飞行时轰鸣有可能会造成心跳不稳、血压升高甚至血管破裂。看吧，哪个和人体器官发生共鸣那将是致命的啊！

　　早在上个世纪三十年代，美国就曾有人把次声波发生器带进剧场，默不作声开启次声波发生器后就观察周围观众的反应，他发现没过多久后，次声波发生器附近的观众不约而同流露出坐立不安、迷惘、不适的状态，这个状态逐渐在全场的观众身上也有表现。可见，次声波多么可怕啊！

次声波有什么应用？

　　不得不佩服科学家们高超的技术，似乎所有的东西，不管是好的还是坏的，科学研究者们都可以利用它们来为人类生活提供便利。次声波

尽管是个"害人"的"坏东西"，但是关于它在科技领域的应用，那可是说来话长呢！次声波有着广泛的应用前景，它主要是被应用在气象预报、军事、医疗上。航海时常用水母耳风暴预测仪来模拟水母感知次声波，次声波是海上风暴即将来临的前兆，水母耳风暴预测仪一旦捕捉到风暴到来的讯息，就能提醒人们及时做好预防。在这儿，次声波就成了保障船舶安全的好帮手。像雷暴、火山喷发等，次声波都走在了前面，利用这一点，人们还能够预报自然灾害，防患于未然。

别忘了次声波振动还是人体的"宿敌"，次声波和人体振动频率相似，医疗上有"次声波诊疗仪"用来医学检查。在军事方面，次声波还是不怕坦克、装甲，什么都能穿透的战争武器呢！

小链接

现在世界是科技的世界，在战场上，新型武器越来越多，次声武器也是其中之一，被认为是能够在未来战场上杀人于无形的武器。次声武器最早是在"二战"期间，德国科学家秘密研制，按照当时德国纳粹的想法，把著名音乐家的唱片加以特殊改造，再把这些唱片投向英国，让民众听了唱片之后产生精神错乱，进而引发集体骚乱。这个想法最终没有得以实现。

次声武器有神经型和器官型两类，神经型的次声武器让人神经受损，而器官型的次声武器则是让人体器官发生病变，产生呼吸困难、恶心呕吐的状况。次声武器的隐蔽性很强，并且对周围环境没有破坏力，不论敌军身在何方，不论是在坦克还是在地下洞中躲藏，只需要瞄准目标，次声武器这个冷血杀手就面无表情"杀"过去。

目前，次声武器最大的不足就是不太容易定向瞄准目标，容易误伤，它的杀伤力强，可是如果次声武器不幸瞄准了自己人，那可就是大悲剧了。

至今，关于次声武器的研究仍在进行之中，不少军事专家非常看好次声武器，将它视作是未来新型战争中的制胜法宝。

师生互动

学生：次声波可真厉害啊，万一哪天次声波来"袭击"我们，那可怎么办呐？

老师：看来大家知道了次声波的极强的破坏力，趋利避害是人们的行为原则，可遗憾的是目前人们还没有技术可以直接抵抗次声波，只能是一些比较被动的防范策略。使用最广泛的方法仍然是非常传统"深挖洞，广积粮"的战术，尽可能深地往地下"打洞"来防御次声波。但是这作用是非常微小的，毕竟次声波的穿透力很强，次声波传递过程中能量削弱小。也许有人会说"我们可以用消音来克服噪音，现在这个次声波是不是也可以'消波'呢？"这个想法在理论上是可行的，但是在应对次声波的具体环境中，想要反相消除次声波，还需要考虑到风速、气温、气压等因素，现有的科学条件还无法达到这点。

如果真的有次声波，那我们还是躲得越远越好，离它远远的。虽然次声波我们无法阻挡，但也不必杞人忧天，无中生有地担心会不会有次声波的到来。所幸的是，在普通的生活中，我们和次声波打交道的概率比较小，相信以后的科学可以有效地克服次声波的危害。

超声波是什么

◎智智和妈妈在海族馆看海豚表演。

◎海豚精彩表演让智智连连鼓掌，观众们连声叫好。

◎海豚和训练师很配合。

◎妈妈指指耳朵。

你仔细听，看看能不能听到海豚的声音。

海豚会讲话吗，它怎么和师傅交流？

什么是超声波？

上个章节中，我们知道次声波低于人耳所能听到的 20 赫兹，以此类推，高于人耳听力范围的呢？人耳的听力范围在 20——20000 赫兹之间，超过了 20000 赫兹的声波就是超声波。声音的世界真奇妙，充满了许多的魔力，除去人耳可以听到的美妙乐声，还有细微地听不见的次声波，和高于人耳听力频率超声波，超声波可是人们日常生活中的好朋友呢！

不管是什么振动什么声波，只要它的频率大于 20000 赫兹，就是超声波，超声波每秒钟振动超过 20000 次，这是它的最大特色，它在很多方面都可以助人们一臂之力。和次声波相同的是，超声波的穿透性很强。此外，超声波在传播途中，方向性很强，基本上是沿着直线传播，不会像次声波一样分散，这种强"目标感"更容易汇聚能量；超声波还可以轻松自如地在各种介质中"穿梭"，不像普通的声音，能量消耗大。

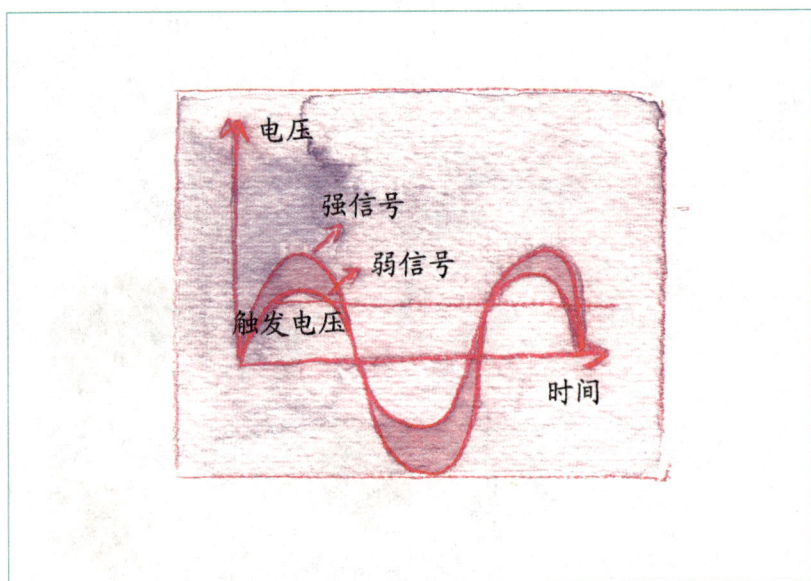

超声波具有多普勒效应，这是 19 世纪奥地利物理学家克里斯琴·约翰·多普勒在 1842 年提出的理论。途经铁路边时发现远处的火车汽笛声越来越响，当它从自己身旁经过时，声音又变得越来越弱，他认为波源和观测者之间的相对运动会影响物体辐射波长的变化，这个理论被后人称为多普勒理论。医疗上的超声脉冲多普勒血流测量技术，就体现了这一点。

超声波按照振动传播方向分别是横波、纵波、表面波、板波，前两

者比较好理解，表面波就是沿着介质的表面来进行传递，板波则是指在厚度和长度相同的薄板子里传播的波。像蟋蟀、鲸鱼、老鼠、海豚等都是用超声波来交流的，但人仅凭自身是无法发出超声波的。现代科技可以通过静电引力、电磁振动、辞致伸缩效应、压电效应等技术"制造"出超声波。

超声波有什么应用？

超声波在生活中的应用比次声波要广泛得多，比如测量声速、清洗、超声波焊接、雾化、医疗、加快酒类醇化加快化学反应，超声波线缆测高仪、倒车雷达、超声波雾化器、塑料点焊机、超声波驱虫器、涂层测厚仪、超声探伤仪、医学超声成像。现在，应用得最广泛的可以说是医学超声成像了。在医疗诊断中，最常用的超声频率是 1MHz 至 40MHz，超声诊断仪还分为 A 型、B 型、M 型、多普勒超声型、扇形

等。A 超多是眼部检查，M 超和扇形超声主要是检查心脏，医疗上最常见的是 B 型超声。B 超检查非常方便，医生通过 B 超可以观察到病人身体内脏器官的情况；进行 B 超检查前，医生一般会在需要检查部位涂上看起来比较油腻的耦合剂，这么做一方面为了使屏幕上的图像更加清晰，另一方面是为了让超声波探头更好地滑动，加强成像的准确性以便医生做出诊断。

自然界中的超声波

和人类相比，动物无疑是属于弱小的一方，但即使是在动物世界中，生存问题也是它们无法逃脱的难题，"物竞天择，适者生存"的道理适合于人类社会同样也是动物界的生存哲学。

动物们一代又一代顽强生存，一个好帮手就是声音。声音告诉它们远方的信息，它们也用声音来打探前方是否有危险。最为典型的蝙蝠，蝙蝠通过发出超声波进行"回声定位"，从而"看路"，声音也可以说是蝙蝠的眼睛。海豚和蝙蝠类似，它也是用发出超声波来判断水下小鱼的方位。

人们最早发现可以发出超声波的动物是螽（zhōng）斯，俗称"蝈蝈"，它是经常出现在农作物中的害虫；还有青蛙、老鼠等动物，也都是通过发出超声波来交流。

小链接

几年前，有一种说法在社会中盛行，"海豚可以治疗自闭症儿童"。有这么神奇吗？现代科学都无法完全治愈的自闭症，区区海豚就可以吗？

赞同"海豚疗法"的人声称自闭症儿童与海豚接触后，海豚发出的超声波可以对自闭症儿童的大脑有所刺激，从而激活他们大脑中的神经系统，这也就是"辅助治疗"。超声波作用于人体后会对人产生影响，这个不假，但是是否就真的对自闭症儿童的治疗有帮助呢？

自闭症儿童也称"星星的孩子"，他们封闭自己，不喜欢与人交流，"海豚疗法"的真正功效还有待于进一步的科学论证。如果我们身边有"星星的孩子"，一定不要孤立他，友善地和他沟通交流，治疗自闭症最好的方法是沟通。

师生互动

学生：超声波洗牙好吗？

老师：一般来说，现在并不鼓励一个人随随便便就去洗牙，如果要去洗牙的话，一定要找一个正规的场所，让经过严格的医疗培训的医生来洗牙。超声波洗牙尽管方便，但是如果不规范，容易损害牙龈，还有可能因为消毒不严造成交叉感染。另一方面，洗牙后会让牙齿变得更敏感、牙缝增大，还有可能增加口腔疾病的发病率。

丹田发音是怎么回事

◎ 家中，智智把今天音乐课学会的歌唱给
　妈妈听。

◎ 智智高兴地唱着，唱完后。

◎ 妈妈歪着头托着腮。

◎ 妈妈故作刁难状。

恩，不错，还有人不用嗓子也能唱歌呢！

妈妈，我唱得怎么样？

丹田是什么？

人是怎么讲话的？用声带说话，用嗓子发声。但是，你能不能不用嗓子讲话呢？恐怕这个问题会难倒不少的人，不用嗓子怎么讲话啊？没错，不用嗓子，咱们也是可以讲话的，不但可以说话，不用嗓子，还能够唱歌呢！今天我们就一来向大家介绍丹田发音。

还记得武侠小说中的神仙丹术吗？一些大师们奉皇帝的旨意用大炉

子修炼长生不老的仙丹，不过这种违背了自然规律和基本医学理论的实践肯定是不会成功的。现在，我们来说说另一种"炼丹"，炼的可不是丹药，它是指人体的丹田。

　　丹田是古代养生学里的专业术语，指的是人体真气发出的地方。听起来很玄乎吧，这是道教里的说法。道教希望可以成仙，为了达到这个目的，他们就必须要让自己的身体得到修炼。道教把人体看做是一个熔炉，他们认为要在体内修炼成"精、气、神"等内丹。而丹田就是内丹呈现的地方。

　　绕了这么大的一个圈子，丹田到底在哪儿呢？古代文献里记载："脑为髓海，上丹田；心为绛火，中丹田；脐下三寸为下丹田。下丹田，藏精之府也；中丹田，藏气之府也；上丹田，藏神之府也。"这儿说了上、中、下三处丹田，实际上，发音的丹田是下丹田，也是我们现在所说得最为广泛的丹田。它在腹部，也就是肚脐稍稍往下三寸的地

方，古代人练气功就是用这个部位运气。古代人非常重视丹田，称它是"呼吸之门""阴阳之会""性命之祖"等。尽管按照现代科学的观点，道教的有些观点是落后时代人们愚昧无知的表现，但是丹田直到现在还在发挥着它的作用。丹田，也有民间俗称为"气田"，因为有"气"，所以有些歌手用丹田发声唱歌以减少对声带的磨损。

用丹田怎么唱歌？

长期用嗓子唱歌，嗓子肯定会不舒服，为了保护嗓子，也是为了让声音听起来更有质感，不少学声乐的都会练习丹田发声。学习丹田发声，首先须懂得腹式呼吸，所谓腹式呼吸就是尝试着用腹部来进行呼吸。

我们平常呼吸时吸气都只是吸到了一半，想要腹式呼吸就先深呼吸，再吐气，尽可能地把腹腔中的气体都呼出来，再深深地吸口气，缓慢而悠长，随着慢慢地吸气，我们的肚皮会变得紧缩，直到吸到不能吸的地步，再缓缓地把气体吐出来。这样的深呼吸谁都会，但是如果严格要求，腹试呼吸时人的肩膀不能向上扬，腹部的扩张幅度应该比胸部的大。能够达到这个要求的就比较少了。

腹式呼吸需要长时间的练习才能够做得标准，做到准确后，我们就能在吸气时感觉到一股气流从胸腔升起，当我们把双手放在腹部时，还能感到有力催使双手向上推动，这个样子看起来像是古装片里的练功。

丹田发音就是凭借这股气流发出声音的，当用丹田发出声音时，用手触摸腹部，可以感到腹部变硬，这就是丹田的力量。丹田发音在民族唱法、美声唱法中应用得很广泛。

美声唱法需要丹田发音吗？

大家都喜欢听歌，有的人喜欢听流行歌曲，轻松闲适、还能时不时地哼上几句；有的人喜欢听美声，觉得那非常的华丽和高雅；有的人喜欢听民族唱法，悠扬悦耳；也有的人喜欢原生态音乐，觉得那特别有地域风情和民族特色。这几种音乐分别代表了现代音乐中的通俗唱法、美声唱法、民族唱法和原生态唱法。其中，前三种唱法目前在我们国内声乐界呈现的是"三足鼎立"的事态，而民族唱法和美声唱法都会用到丹田发音。

说到美声唱法，可能很多头脑中就浮现出一副这样的场景，在金碧辉煌的音乐大厅里，台下座无虚席，台上的歌手在交响乐团的伴奏下忘情地歌唱，歌声洪亮……美声唱法最早起源于十七世纪意大利的佛罗伦萨，直到二十世纪末才传入国内。美声，即为"美好的声音"，用美声唱法唱高音时，不像我们平常一样大声讲话那样"吼"出来，而是气

息从丹田处自然而然地发出来，音和音之间的衔接非常自然匀称，给了
观众极好的听觉享受。世界三大男高音是意大利的帕瓦罗蒂、西班牙的
多明戈和卡雷拉斯，中国的美声歌唱家有戴玉强、殷秀梅等。

小 链 接

民族唱法和美声唱法都是需要用丹田发音，不过民族唱法
是我们中国本土的艺术唱法，同时也借鉴了西方美声唱法的特
色，民族唱法听起来声音甜美、音域宽广。民族唱法在我国有
着悠久的历史，包括了说唱唱法、戏曲唱法、民间新唱法、民
间歌曲唱法这四小类。民族唱法的代表歌手有蒋大为、阎维
文等。

原生态唱法是2006年第十二届"CCTV青年歌手大赛"上诞生的一个全新的概念，它是指民间传统的、原汁原味的歌唱方式，表演者多为一些少数民族的演员。原生态唱法里根据表演的需要，还有美声唱法、通俗唱法等内容，所以是否该叫做"原生态"，这个概念目前还很有争议。

通俗唱法，也叫做流行唱法，是目前最广为流行的唱法。通俗唱法声音自然朴实，近乎于说话，它不需要过高的歌唱技巧，主要是通过电声设备来放大音效。通俗唱法重于抒发自己的情感，在年轻人中很受欢迎，有民谣唱法、低吟唱法、港台唱法等几种，现在的许多流行歌手都是通俗唱法。

师生互动

学生：丹田发音很容易就学会吗？

老师：丹田发音可以保护嗓子，还能增强音乐的表现力度，学习丹田发音是学声乐的同学必须经历的过程，但是丹田发音并不是那么容易就可以掌握的。丹田发音需要掌握的诀窍还有许多，更需要长时间的练习和体悟。其实，一般来说，我们普通人不需要学会用丹田讲话，把丹田发音当做是一种业余爱好就足够了。并且，如果没有专门的老师指导，我们还不要随便练习，有可能会因为方法有误导致声带受损呢！

人人都能成为歌唱家吗

◎智智和妈妈在音乐学院里散步，四周有
　不少学生在练习发声。

◎智智也学着发出"啊"的声音。

◎妈妈笑了。

◎智智敬佩地望着他们。

怎样才能把歌唱好？

很多人都羡慕电视舞台上歌星们的歌声吧，很多人也会在私下自己唱着歌吧！我国古代的《诗经》最早就是田间劳作人民的歌谣，歌声是人们表达情感的重要方式，不论闲时还是忙时都哼唱几句，心情似乎就变得大好。想必人人都希望自己能有悦耳动听的歌喉，但人人都能成为歌唱家吗？

　　你的理想是什么？人的想法千差万别，有的人想当科学家，有的人想当记者，有的人想当运动员，还有的人从小爱唱歌，想当舞台上令人瞩目的歌星。但任何一项职业都是需要经过长期的努力和奋斗才能取得一定成绩的，歌星也不是那么好当的，因为并不是每个人都能把歌曲唱得动听悦耳。

　　有些人会惊讶于别人的声音"好听"，为什么同样的一首歌曲自己唱起来却远远不如别人呢？其实唱歌需要技巧，需要学习，要不然，怎么还会有专门的声乐专业呢！不论什么事情，往深处钻研都是非常不容易的。

　　要想把歌唱好，首先还得练嗓子，大家不要误会了哦，唱歌是用嗓子在唱，但更是在用气唱。有的时候没有调节好，就会发现自己唱着唱着就"上气不接下气"了，换气换不过来。我们平常说话比较随意，不需要太强的气息，也没有使出很大的力度，但是唱歌就不同了，歌曲以抒情为目的，它的演绎需要声音大小力度的变化，如何用气几乎是决定一首歌唱得好坏的重要因素，除了我们在上个章节所讲的丹田发音外，还需要练习吊嗓子。吊嗓子是为了更好地把嗓子打开，这样，在唱歌时才能打开歌喉，放声歌唱。

每个人的嗓音都不相同，嗓音条件时我们无法改变的，但是我们可以通过后天的努力提高自己的唱功。

为什么有时会跑调？

自己明明唱得好好的，旁边的人提醒道"哎，你刚才唱跑调了。"可是，为什么我自己就没有觉得跑调呢？上音乐课时，老师教一句我们唱一句，等到我们唱完后，老师点评"刚才的那一句你们跑调了。应

该是……而你们却唱成了……"其实我们听起来，这两者似乎没有多大的区别。这就是音乐感和音准的问题了。

音乐感就是对音乐的感觉，有的人天生对音乐非常敏感，他们学习起音乐来更是轻车驾熟；有的人可能音乐感稍微弱些，他们只能更加努力来赶上别人的步伐。像在国际上获得多项大奖的电影《海上钢琴师》讲的就是弃婴"1900"的故事，"1900"是一个音乐神童，无师自通就能熟练地演奏钢琴。

然而，神童毕竟是少数的，哪怕是经过了专门音乐训练的人都会跑调，更何况我们呢！有的人自嘲跑调是因为"五音不全"，其实并非如此，唱歌跑调一般来说是因为气息的不足和缺乏音准。如果气息没有跟上去，容易出现"走音"的现象，这时，就需要加强对气息的控制。至于音准的问题，主要是因为对歌曲不熟练造成的。一方面对谱子不熟练，另一方面是对这首歌的节拍节奏不熟悉，不合拍就容易出现跑调的现象。其实，熟能生巧，关键是要多练习，多练多唱就能克服跑调的毛病。

音乐很难学吗？

不是每个人都能当音乐家，也不是每个唱好歌，唱歌真的就是这么一件困难的事情吗，音乐真的就很难学吗？平心而论，音乐的学习真的不是一件容易的事情，每年高考报考音乐艺术生的有不少，可是真正能考上大学继续深造的却是凤毛麟角。想要学习音乐就必须懂得一些基本的乐理知识，需要学习音的时值、附点音符、调式等最基本的常识，还要对乐谱谙熟于心。除却这些理论，音乐的学习还分很多种方向，有的是声乐，有的是音乐教育，也有的是音乐制作、编曲等。

音乐的这条路其实是一条漫长的路，需要具备一定的音乐素养，学习声乐的还要具备相应的嗓音条件。热爱音乐的人有许多，每年埋头苦

干地认真做音乐的人也有很多，但是他们中的绝大多数依旧是处在默默无闻的状态。

很多歌手在成名之前都是辛苦的"北漂族"，他们租住着潮湿的地下室，怀揣着自己的梦想但又不得不面对现实生存的巨大压力，音乐的北漂族更加艰辛。玩音乐需要的不仅仅是自己的才情，还需要音乐设备，没有好的后期制作如何把音乐推销出去呢？有人说过音乐是条"不归路"，因为你无法知道你的投入和回报能否成比例。也许正因如此，才为音乐增添了几丝神秘的魅力吧！

世上无难事，只怕有心人。如果你真的热爱音乐，并愿意为之付出努力，坚持你所坚持的，做自己喜欢的，就是最好的事情。

小链接

卡拉 OK 是近些年来越来越流行的音乐设备，发源于日本，卡拉 OK 的原意是"不在场的乐队"，人们在屏幕上放着事先就录制好的影像资料，人们可以根据画面来唱这首歌。据说是因为日本男人如果太早回家容易让邻居留下"不务正业，没出息，连个工作应酬都没有"的坏印象。

为此，那些下了班又不敢回家的男人们就经常在一起聊天打发时间，久而久之，他们也厌倦了，需要有新的娱乐方式。于是，他们就开始在酒吧喝酒的同时对着电视拿着电话筒唱歌，这是最早的卡拉 OK 的形式。台湾是最早引入卡拉 OK 的地区，目前中国内地的卡拉 OK 已有数千店家。人们节假日或者其他庆祝的日子，都会一行人去包厢 K 歌，这既是一种聚会交流情感的方式也是一展歌喉的好机会。

如今，运营商还推出了一些专门 K 歌的软件，"草根"们把自己翻唱的歌曲传到网上，和全国各地的音乐爱好者"以歌会友"。

师生互动

学生：唱 K 有什么技巧吗？

老师：很多同学过生日时就一起去唱歌，大家 K 歌的时候，最重要的还是要保护嗓子，高音部分别太"执着"，尽量选择唱自己熟悉的、不太难的歌曲；把麦克风拿到合适的位置，太近会"喷麦"太远声音就小了，唱歌的时候留心听伴奏，减少走调的情况。

反串是什么

◎ 智智放假在家，看到沙发上妈妈新买的长裙。

◎ 智智穿上了长裙，来到妈妈跟前，妈妈被智智逗得哈哈大笑。

◎ 智智又转了几个圈。

◎ 妈妈拿出一本梅兰芳传记，指着他的照片。

什么是反串？

2009 年的中央电视台春节联欢晚会上，小品《不差钱》把观众都逗得非常开心，小品里最大的亮点是小沈阳穿着苏格兰风格的裙子"男扮女装"，说着"娘娘腔"的话语，把观众乐得哈哈大笑。这种扮演与自己的性别不一致的角色就是反串。

反串在我们中国戏曲里是其实是一种传统的表演方式，表演者的性

别和戏中人物的性别不同，最为典型的就是京剧"四大名旦"之一的梅兰芳，他扮演的旦角其实是女性角色。国粹"京剧"里的旦角是扮演的是不同时期的女性，有刀马旦、花旦、武旦、正旦、老旦等。刀马旦是耍武艺的青壮年女性，武大的程度次于武旦；花旦是穿着时尚鲜丽、性格爽朗大方的青年女性；正旦也称"青衣"，这个角色动作比较少，以唱为主；老旦则是戏曲里的老年妇女角色。

京剧中的旦角向来都是男扮女装进行的反串表演，直到民国年间，才逐渐出现女扮花旦的表演，京剧中的反串可谓是历史悠久。1921年，天津《大公报》第一次提出了"四大名旦"的叫法，梅兰芳、程砚秋、尚小云、荀慧生这四人凭借他们高超的艺术表现力当之无愧地当选为京剧四大名旦。这四人各呈派别，梅兰芳是"四大名旦"之首，他在戏

曲舞台上的表演堪称精彩绝伦，举手投足之间将戏剧里的人物形象表现得活灵活现，不愧是中国戏曲艺术大师。

反串这门艺术走到今天，在商业形态的影响之下也变得越来越具有娱乐性质，成为人们茶余饭后的谈资。

如何做到反串的？

2006 年央视综艺节目《星光大道》的年度总冠军李玉刚火了，他在男声和女声之间进行游刃有余的转换，惟妙惟肖地展现了声音的自在

和飘逸。有着京剧男旦艺术基础的他把中国传统戏曲和现代流行音乐相融合，而反串女声的部分则更是让人惊喜不已。

但是，李玉刚把反串做到这样的程度非常不易，除了妆容服饰上的

打扮，最重要的是要"声似"，如果没有漂亮的声音，那一副女人貌男人声的感觉肯定会让观众觉得特别别扭。李玉刚从小学习京剧，他具备一定的嗓音条件，所以才能应对这样一个高难度的反串表演。

男声是怎么转换成女声的呢？男声的音调比女声低，男性在反串女声时，就必须要把音调提高，尽量说话时声音向上扬。其实，如果训练不足，反串的女声听起来就会让人"难受"，真实性不够，一听就知道是刻意反串的，人们听到优秀反串演员的声音时就会忘记他的性别，但功力不足的反串带来的仅仅只是小丑式的娱乐。

反串唱歌用的同样是丹田之气，女声高音部分用假声，低音下沉部分是男生。所以说，增加自己的肺活量，才能在唱歌的时候合理调整自己的气息。

最重要的一点是，一定要找个专业的老师来给你指点，以免方法不当损害嗓子。

反串有什么意义？

有人会问，反串有意思吗？当然，反串是一门艺术，它有一定的艺术价值。尽管京剧旦角由男性扮演最早是因为在封建社会能够接受正规教育的女性少之又少，不得不让男性来扮演旦角。但是反串发展到今天，给了观众带来许多视觉听觉上的享受。

呈现在舞台上的反串艺术都是经过了仔细的编排和制作，融入了创作者的心血。反串其实是一种严肃的艺术表现形式，可惜有的人不理解。一方面，有些观众以猎奇的心态看待反串表演；另一方面，有些反串表演者的家属认为"丢脸,"在他们看来，一个好端端的男人在台上打扮成女人样，还模仿女人唱歌，这属"大逆不道"。

其实，社会大众需要用正确的心态对待反串，反串并不是哗众取宠地搞些低级趣味的表演。梅兰芳的男旦反串表演是一门非常纯粹的艺术

表现形式。庸俗、一味迎合市场的表演是不可能长期为观众所接受的，相比反串，近几年选秀节目上频频出现的"伪娘"才是庸俗的。反串不是仅仅的"男扮女装"或者"女扮男装"，仅靠外表的装饰和憋着喉咙说话是不可能做好反串的，它需要的是艺术功底，深厚的艺术功力。

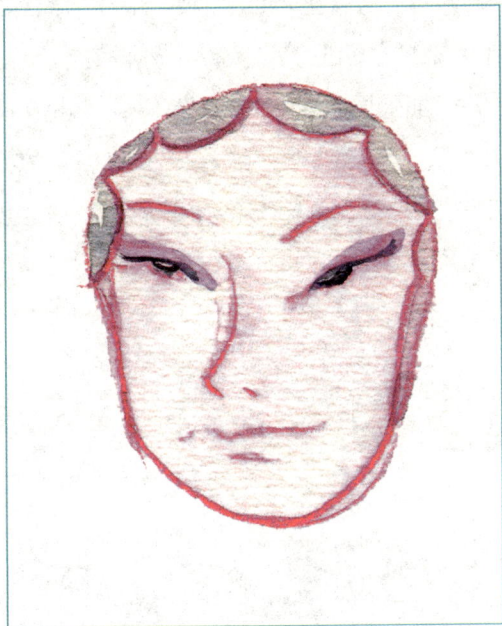

小链接

反串"名人"

古往今来，反串的人还真不少，最早的当属花木兰了吧！北朝民歌《木兰诗》里就记载了"阿爷无大儿，木兰无长兄。愿为市鞍马，从此替爷征。"巾帼英雄木兰的英勇事迹流传至今，女扮男装替父从军，直到回家后都没认出是女人，"同行十二年，不知木兰是女郎"。也许木兰的故事在代代的流传之中多了份夸大，但是木兰的忠孝节义却值得大家学习。

另一个女扮男装的就是上个世纪就是年代初拍的电视剧《新白娘子传奇》，电视剧里的"许仙"的扮演者是女演员叶童，叶童的男装扮相也赢得了许多群众的喜爱。

《霸王别姬》里张国荣的反串表演也非常出色，在这部陈凯歌导演的荣获诸多奖项的电影中，张国荣主演的程蝶衣在电影里演的就是一个旦角，逼真的表演让蝶衣甚至都分不清什么是现实什么是戏中了。

师生互动

学生：反串到底是好事还是坏事呢？

老师：对待反串，一定要有正确的态度。京剧旦角是男扮女；越剧里也有反串表演，不过是女扮男，戏曲里的反串可谓是反串的最高境界。男女声音的变化恰恰也反应出人们声音的张力和奇妙。一个反串是好还是坏，要看反串者本人的表演。像李玉刚，他在原有的京剧基础上创新，注入了新的活力，年轻的听众听了他的歌声，也纷纷对传统京剧产生了兴趣。这种反串是有意义的、积极的，但是如果了纯粹是为恶搞而反串，那是极不负责的。

为什么有的人"喊破了嗓子"

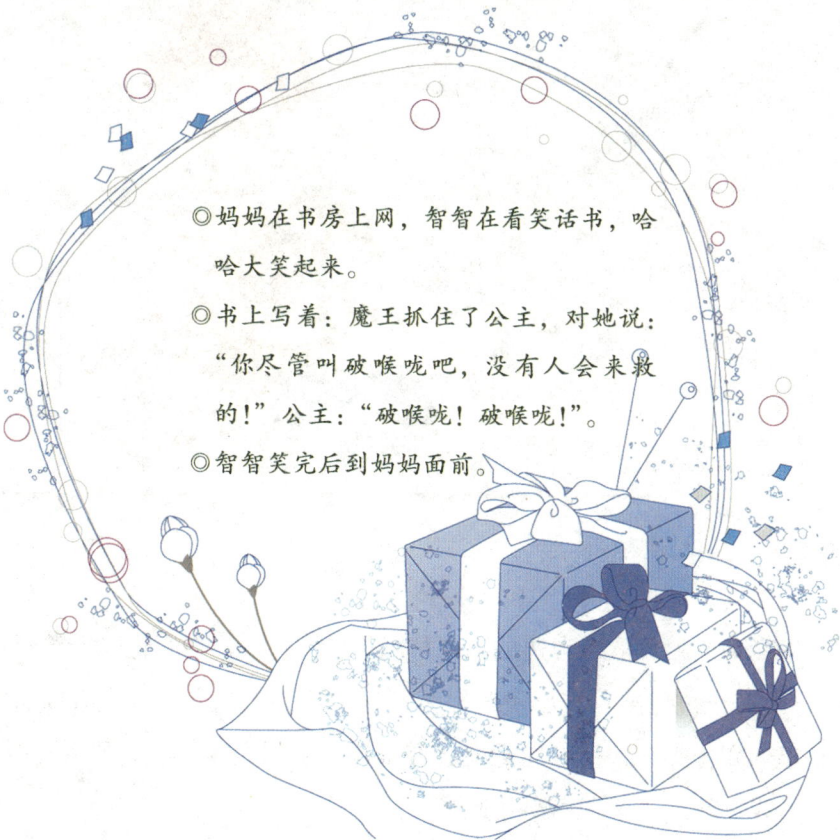

◎ 妈妈在书房上网,智智在看笑话书,哈哈大笑起来。

◎ 书上写着:魔王抓住了公主,对她说:"你尽管叫破喉咙吧,没有人会来救的!"公主:"破喉咙!破喉咙!"。

◎ 智智笑完后到妈妈面前。

为什么 "喊破了嗓子"？

　　正高兴地唱着歌，旁边的人提醒道，"悠着点，当心把嗓子给喊破了。"嗓子会被喊破吗？嗓子破了会有什么后果？当然了，唱歌时，尤其是唱到高音部分，稍不注意就会有把嗓子喊破的危险，可要小心哟。现在，我们就来了解"喊破了嗓子"是怎么一回事。

　　人们爱用歌声来表达情绪，但如果不加以注意，大声忘情地歌唱，

就容易"喊破嗓子"。这其实是声带受损的缘故，有的人去 KTV 唱歌，用嗓过度，第二天发现自己说话声音极其沙哑，甚至一句话也讲不出来了，急得直跺脚。看吧，这就喊破嗓子了。

嗓子不会像是其他的物品破一个洞，人们常说的"喊破嗓子"是俗称，指的是因发声过度导致的发出声音困难、喉咙肿痛的现象。

前面的章节里我们知道了过度用嗓会导致嗓音的沙哑，这儿就不做赘述。不过，还是要强调的是，日常生活中要避免长时间大声讲话，别喊破了嗓子哟！那样会很难受的，不能正常地说话想想就觉得多么委屈呀！

不好好照顾自己的嗓子，大声地讲话，有的会声带受损，有的声带没有受损，但是会发现自己发出的声音特别地奇怪，略微有些沙哑，声音音调也高了许多，这奇怪的现象持续了没多久就消失了，再说话又恢复了原样了，这是怎么一回事呢？这就是破音。

为什么会出现有破音？

正说着话，突然一不小心就破音了，这是一个很尴尬的事情，有人曾打了这么一个比方：在广袤的森林里，一群百灵鸟在美妙地歌唱，它们的声音婉转而悠扬，冷不丁地突然在鸟群里蹦出了一声粗野沙哑的鸭叫，这声混合在百灵鸟群众的鸭叫极不协调，大煞风景。是哪一只百灵鸟这么不小心，唱出了鸭叫声呢？其实，这只百灵鸟也不是故意的呀，它只不过是破音了。

破音现象是一种声带出于本能而进行的自我保护，声带疲惫了，发出的声音也就变得"不伦不类"了，好像是一匹脱缰的野马失去了控制。不管是说话还是唱歌都不要"用力过猛"，尽可能地越自然越好，过犹不及，尤其是唱歌的时候，高音部分尽力而为即可，寻求声音稳定平衡的状态。

破音还是效果器呢，它有意地在发出的声音里制造些杂音，这种效果器在电吉他的表演中应用得比较多。

假声是怎么回事？

你知道有真声和假声吗？声音就是声音啊，能够听到的声音怎么会有真假呢？事实上，的确有真声和假声，我们平常说话的声音一般都是真声，假声是指发声时，人为地控制声带，只让部分的声带振动发声。假声听起来比较微弱，比普通说话时的音调要高。

假音也是歌唱技巧，被歌手广泛用于歌唱中，用假音唱出来的歌艺术性比较强，像歌手黄莺莺的代表作《葬心》，假音唱出来更增添了几份悲凉之感。不过，有些玩重金属摇滚的歌手，也会用他们嘶哑的假声来表现音乐的情感。

但是，"假声有风险，发声需谨慎"，如果气息没有把控好，发出来的假声可就非常的难听，近乎于噪音了。歌手们之所以灵活自如地在真假声中转换是有一定的音乐基础的，看来，发好假音也不容易呢！

小链接

假声男高音和世界三大男高音歌唱家演唱的高音最大不同在于，后者是真声而前者是假声。笼统地来说，假声男高音其实也是男声音域最高音，假声唱法对唱歌技术要求很高。好的假声男高音听起来自然优雅，音色纯净柔美，毫无矫揉造作之感。

假声唱法最早出现在8世纪的西班牙，纯天然发出的假声是微弱无力的，只有接受正式的音乐训练之后的假声才能作为歌曲的元素来传情达意。

中、西方在声音唱法的观点上，还有些分歧。按照国内的传统观点，不论男女都有假声，但是西方理论中认为假声只存在男声中，于是有"假声男高音"，而没有"假声女高音"之说。

女性的假声没有男性那么明显，男性出于青春期时特别容易发出假声，这也被称为"青春期假声患者"，一般采用言语训练治疗。

师生互动

学生：美声高音可以用假声来唱吗？

老师：首先，假声也可以唱高音。传统意义上，高音有三种主要的形式，真声、假声和半声。假声唱法在古典美声教学里并没有得到承认，尽管假声音调高，但是如果唱美声时用到了假声唱法，那只会被认为是"四不像"，显得不伦不类。

另一种高音唱法是半声，半声更难。半生也是一种演唱技巧，顾名思义，就是用一半的力量来发声，主要是靠气息的支持。半声唱法最早出现在被意大利美声学派的理论著作中，被称为"不朽的男高音歌唱家"恩里科·卡鲁索在录制唱片里的《偷洒一滴泪》曲目时，全曲就是用半声唱法演唱的。而我国著名的歌手李谷一早年演绎其代表作《乡恋》，使用的也是半声唱法。

真声、假声、半声……歌曲里的"名堂"还有许多，比如，咽音、啸音、哨音、海豚音等。

人的耳朵最灵敏吗

◎妈妈在洗碗，智智在家里玩耍。

◎智智觉得这样挺有意思（文字：智智："什么？我没听清"）智智自己都笑了。

◎智智走向厨房（文字：智智说"刚才和您闹着玩呢"）

智智，帮我把茶几上的抹布拿来。

什么？没听清。

人的听觉有多敏锐？

看过前几年风靡一时的电视剧《暗算》吗？剧中的男主角瞎子阿炳有个"特异功能"，他的听觉极其敏锐，可以听到别人不能听到的声音，甚至还可以从狗的打闹声中听出哪知是公哪只是母，凭借阿炳神奇的听力，我方破译了敌人的电台，解除了威胁。阿炳的听力让人为之折服，现实生活中，是否有像阿炳这样具有神奇听力的人呢？

每天人们都能听到各种各样的声音，有乐音也有噪音，在正常工作和学习的情况下，声音分贝不能超过 701dB，一旦超过了这个范围，就会对人们的听力产生影响。

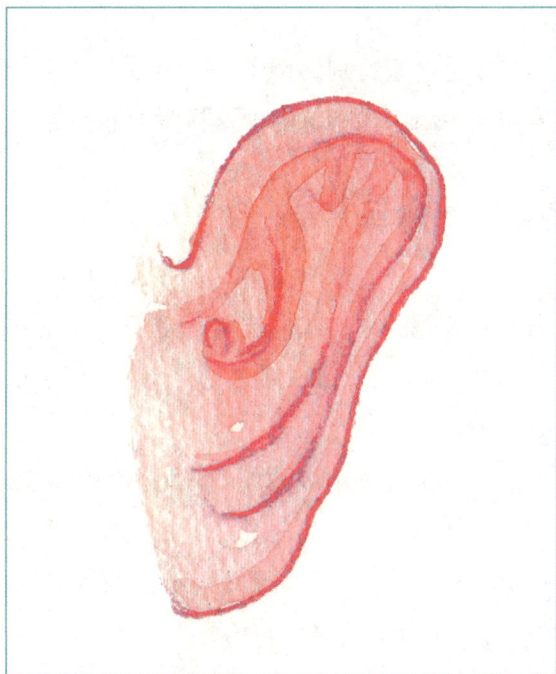

俗话说"眼不见心不烦"，换种说法"耳不闻心不烦"也行之有理。想想看，当我们正在教室里认认真真地做着课堂作业、为了一道数学题冥思苦想时，传来一阵阵汽笛声，似乎一声比一声刺耳。这在无形之中就会扰乱我们的思绪，就好比是我们的思维正在一条道路上前进，突然路中央冒出了一排排路障阻挡了前行。转变一个思路想，如果我们会听不到这声音该多好呢，哎，如果做作业时能短暂地让自己的听力下降或消失，就不会有噪音的烦恼了。

可是，这也不能怪我们敏锐的听觉呀！人们可以听到 0 至 150 分贝的声音，0 分贝非常微弱，是人们所能听到的最细微的声音，150 分贝

可以称之为噪音了，可以致使人耳失聪。

还记得那句话吗，"风声雨声读书声声声入耳"，造物主无疑是神奇的，没有让人们的听力过于迟钝，这样就听不到大自然虫鸟鸣叫的天籁之音；也没有让人们的听力过于敏锐，这样整个世界就不会显得太吵闹。

不过，普通之中总有些特别的例子，阿炳尽管只是文学作品中的人物，但并不代表现实生活中没有像阿炳这样听力非凡的人。

为什么有的人是"顺风耳"？

那些在听力上有天赋的人，我们通常称他们为"顺风耳"，按照字面意思就是"顺着风就可以听到很遥远的声音"，似乎风吹到了哪儿，他就可以听到哪儿的声音。

在经久不衰的《西游记》的开篇，玉皇大帝正高高兴兴地席上歌舞表演，孙悟空在凡间出世惊天动地扰乱了玉皇大帝的兴致。玉帝下令让他的得力耳目顺风耳和千里眼下凡看看具体情况。古书中记载顺风耳"那一个叫做顺风耳，听得千里路外言语，无所不知。"

现实生活中，人的听力会受到外界环境的影响，长时间在噪音下工作的人对声音并不敏感，而那些专门学音乐的或者是在安静环境下工作的人对声音就会敏感得许多。根据美国科学家的研究，他们认为有的人听力敏锐是因为螺旋状耳蜗所致，他们这位这项发现可以让现有的人造耳蜗有所改进，从而更好地帮助听觉障碍者听到声音。

另外，在有些特殊情况下，人的听力也会突然变得敏锐。比如，当你紧张的时候，是不是会"屏气凝神"？当课堂上老师讲到了一个重点的内容，你是不是会特别专心地去听老师的授课内容？不仅如此，那些具有精神疾病的人也会对声音非常敏感，像自闭症、抑郁症患者会对声音产生恐慌，他们害怕听到任何的声音。

此外，根据生活经验，盲人的听力会比正常好，这是因为人体具有代偿功能，正如同当一扇门关闭的时候，会为你打开一扇窗。

听力过于敏感怎么办？

现代人的生活压力大，有的时候就会出现莫名的紧张和焦虑，一旦对声音过于敏感，就会"听到"许多来自四面八方的声音。

获得奥斯卡金像奖的电影《美丽心灵》里就讲述了患有妄想型精神分裂症的天才纳什的故事，电影中，纳什始终处于幻觉中，包括一直支持他的室友查尔斯，是一个不存在的人，是纳什幻想出来的，纳什在发病的时候认为自己看得见查尔斯，听得见他的讲话，其实什么都没有。

　　还有的白领在工作重压下会产生耳鸣的现象，总觉得耳边能听见嗡嗡的声音。这些都是听力过于敏感的情况，可以叫做听觉过敏症或者是恐声症，会给生活带来非常大的不便，无法正常生活，连基本的休息也不能保证。总是可以听到声音是不是很吵呢？克服听觉过敏，现在全世界最常见的治疗方法就是耳鸣习服治疗法，坚持粉红噪音基本上可以治愈。

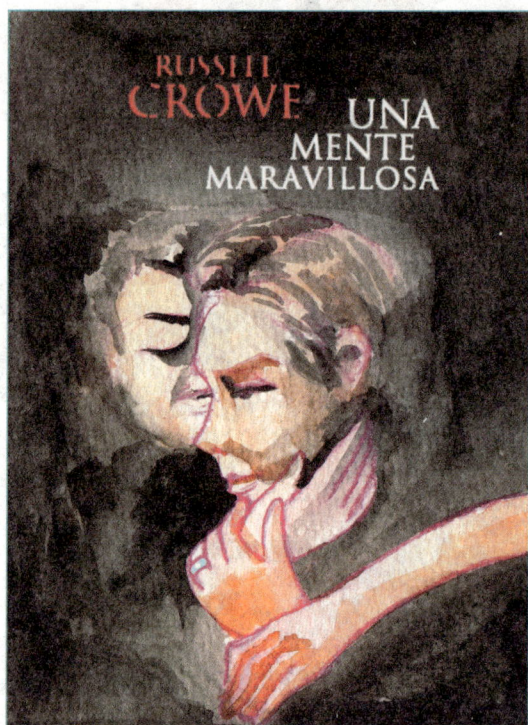

　　一般来说，因为心理压力导致的听觉敏感比较容易治疗，但是有些耳鸣是由疾病炎症引发，则需要辅以药物治疗。不管在什么情况下，都不要让自己有太大的压力，放松心情才是最好的，毕竟，耳边时时刻刻传来的"嗡嗡、呼呼"的怪声音可是不好受的哟！

小链接

行为艺术似乎向来都是少数人的专利，这些人无所畏惧，充满着先锋的精神，有大胆挑战、背离一切传统的勇气。行为艺术作为当代实验艺术中的一种类型，并不是能够让所有的人理解。2006 年，一个"离经叛道"的澳大利亚行为艺术家就完成了一件骇人的行为艺术举动，他让一只"人造耳朵"生长在自己的左手臂上。

这个行为艺术家的名字叫做阿卡迪欧斯，他花费了十多年的时间来寻找愿意为他做"第三只耳"的手术医生，阿卡迪欧斯的"人造耳朵"是用细胞制作而成的，和真耳朵长相没多大差异。阿卡迪欧斯说他之所以做出这个举动是为了让自己的感觉更加灵敏。好端端地为什么要植入一个耳朵呢？看来，行为艺术家的举动还真是很难让常人理解的。

师生互动

学生：怎么知道自己的听力是灵敏还是迟钝呢？

老师：在医院体检的时候会有听力是否正常一项，监测的是你的耳朵是不是"正常可用"的。也有更专业检查，在检测者头部布上电极，可以测出听力范围。一般来说，只要自己的听力没有影响到正常生活，都不必多虑。

你听得见蝴蝶扇动翅膀的声音吗

◎智智躺在凉席上准备午休，房间窗户没
有关，几只苍蝇飞了进来。

◎苍蝇"嗡嗡"地在智智身边飞来飞去。

◎智智努力拍苍蝇。

◎妈妈进屋把苍蝇拍死了。

> 苍蝇在耳边飞的时候还能听见扑翅膀的声音，特别地吵。

> 烦死了！

能听到蝴蝶扇动翅膀的声音吗？

　　盛夏时节，蚊虫众多。你一定听过讨厌的苍蝇蚊子在耳边"嗡嗡"作响的声音，躺着休息时，苍蝇像卫星绕着地球旋转一样地绕着耳边飞来飞去，似乎还可以听见苍蝇扑着翅膀的声音，"嗡嗡"地令人生厌。不过，这声音不仅是由苍蝇翅膀发出来的，实际上，抓住苍蝇的翅膀，

它还是可以发声的，根据最新研究是苍蝇身上的"小黄棒"敲打薄膜发出的声音。飞行的时候我们能够听到声音，那么蝴蝶呢？

　　飞行的动物基本上都依靠翅膀才能在空中飞翔，因为声音是由振动产生，所以扇翅膀也一定会有声音。下雨前一群蜻蜓从半空中飞过，可以听见蜻蜓扑动翅膀的声音，但是为什么成群结队的蝴蝶飞过时却听不见任何的声音呢？

　　这是因为蝴蝶翅膀扇动频率很小，每秒只有 5～6 次；而人耳所能听到的频率范围是 20 至 20000 赫兹，所以蝴蝶的低频率，人耳自然是无法听见的了。蝴蝶扇动翅膀的同时其实也就发出了次声波，在前面的章节里我们也了解到次声波不会被人耳听到并且次声波还可能对人体造成伤害，那么，蝴蝶扇动翅膀也会对人造成伤害吗？

　　想想看，如果天上飞舞的蝴蝶会对人带来伤害的话……当然是不会的，尽管蝴蝶扇动翅膀的的确确产生了次声波，但是这种次声波的强度

非常微弱，不会给人带来威胁，假如小小的蝴蝶就能用次声波来征服人类，那么这世界那岂不是乱了套！所以说，尽情地欣赏蝴蝶飞舞的曼妙身姿吧！

蝴蝶效应是什么？

尽管蝴蝶平拍打翅膀的次声波不会给人带来威胁，但是小小的蝴蝶也是有巨大的威力呢！"一只南美洲亚马逊河流域热带雨林中的蝴蝶，偶尔扇动几下翅膀，可以在两周以后引起美国德克萨斯州的一场龙卷

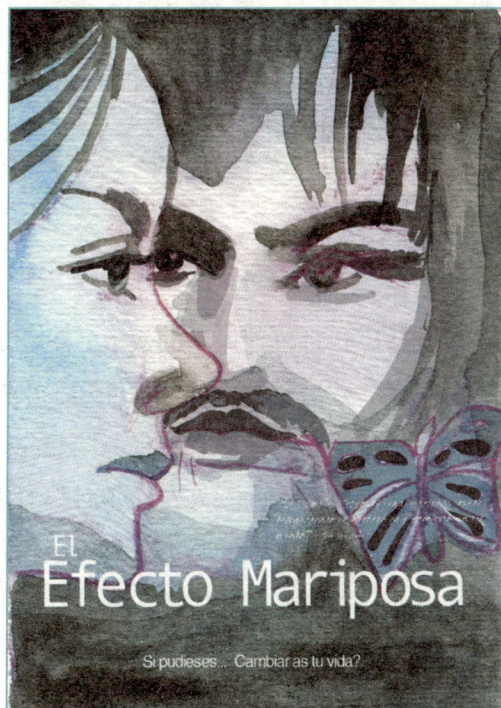

El Efecto Mariposa

Si pudieses... Cambiar as tu vida?

风"，这并不是科幻小说中的情节。蝴蝶效应的科学依据是，首先蝴蝶扇动翅膀然后周围空气发生了变化，随后产生的气流引起了更多空气系

统的变化……这样就一路波及到了美国德克萨斯州。

蝴蝶效应的演变也像是多米诺骨牌，"牵一发而动全身"，当一个微小的变动发生时，后面会引起一连串的变化。与它类似的故事还有"城门失火，殃及池鱼"：一群鱼儿在城门下的池塘无忧无虑的嬉戏，城门突发大火，有鱼儿提议道"城门着火啦，咱们赶紧逃走吧！"但其他的鱼儿取笑它"城门失火与我们有什么关系！"随后，人们用池塘里的水来灭城门的火，池塘很快被掏干，有些鱼儿因为没来得及离开就被被渴死了。

其实很多事情都是有关联的，没有什么事情会无缘无故地发生，发生过的事情必然会造成更多的牵连。就像这蝴蝶效应，在蝴蝶拍打翅膀的时候谁会想到这有可能造成一场龙卷风呢！

在好莱坞电影中，"蝴蝶效应"也是一个常见的表达主题，比如，电影《蝴蝶效应》、《无姓之人》等。

声音的振动频率是什么?

声音的振动频率就是声音每秒钟振动的次数，单位是赫兹，是以德国物理学家赫兹命名的，赫兹最大的贡献就是证实了电磁波的存在。前面我们曾多次提到，人耳所能听到的声音频率范围在每秒 20 ~ 20000 赫兹之间，不过，这并不是永恒不变的。人在幼年时期对声音的灵敏度比较高，但是随着年龄的逐渐增加，人的听力也越来越退化，最多只能听到 15000 赫兹的声音了。

200 赫兹以下的属于低频段；200 ~ 6000 赫兹的属于中间频段；常见的乐器中，电贝司、大鼓、低音提琴是发出的音乐就是低频段的，笛子、竹管乐器是高频。低频的声音有浑厚之感，中频声音比较明亮清晰，我们一般讲话时的声音是中频的。

小链接

　　"小白兔，白又白，两只耳朵竖起来；爱吃萝卜和青菜，蹦蹦跳跳真可爱。"从小对兔子的印象就是两只长长的耳朵和一溜烟就奔跑得不见身影的速度，兔子天生胆子很小，它的双耳似乎时时刻刻都在警惕四周，稍稍一有动静，就赶紧逃走以免成为其他生物的猎物。出于食物链中的兔子无疑是很弱小的，物竞天择适者生存，它们的长耳朵是长期进化自然选择的结果，兔子的耳朵左右来回摆动，是为了更好地汇聚采集声波，家兔的听觉频率范围大概是 64 赫兹至 64000 赫兹，野兔则更加敏锐。

无独有偶，神话故事中的顺风耳也是大耳朵造型，看来，耳朵大似乎真的是更容易听到声音啊。兔子的长耳朵帮助它们捕捉到声源信息，与之相类似的还有鹿，鹿角也是鹿群的"助听器"，在鹿角的帮助下，鹿可以听到三千多米远之外的声音。

师生互动

学生：收音机的频率是什么原理呢？

老师：二者是有区别的，收音机的频率值表示的是电磁波的频率，收听收音机时，常常可以听到主播亲切的声音"调频FM××兆赫"。按照我们国家的标准，电台根据频率可以分为FM 和 AM，FM 是调频，AM 是调幅。AM 是长波，覆盖范围比FM（短波）的广，所以，一般大电台比如"中国之声"就是AM，中央人民广播电台的听众是全国乃至全世界的华人，所以需要用覆盖面广的 AM。FM 多为一些地方电台、学校广播，尽管它覆盖面不广，但是听众收听效果好，音质损耗小。我国收音机的 FM 在 87.5～108 之间，AM 在 540～1600 范围内。

声波真的有形状吗

◎智智对着镜子自言自语。

◎妈妈走过来，在她旁边站着。

◎智智转过头看妈妈。

◎妈妈象征性地把手在半空中挥了挥。

你是看不到声音的形状的。

我看看声音是什么形状。

你在干吗呢？

声波看得见吗？

实验室里的声波图，看起来像极了病房中的心电图，一上一下的波纹相交错，这就是声波。这真的就是声波吗？声波的形状就是这样的？

声源处因振动发出声音后，振动不断向前推进，这种往前推的空气振动就是声波。声音的传播从本质上来说是振动的传播，是此方的振动传到了彼方。

人们没有长透视眼，看不见声波用手触摸也没有丝毫的感觉，它像空气一般地存在着。为了研究的方便，科学家把这无形的声波有形化、形象化，也就出现了电子显示屏幕上的声波图。我们无法看见最直接的声波，但仍可以通过声波对其他物质的反应来感知声波的存在。

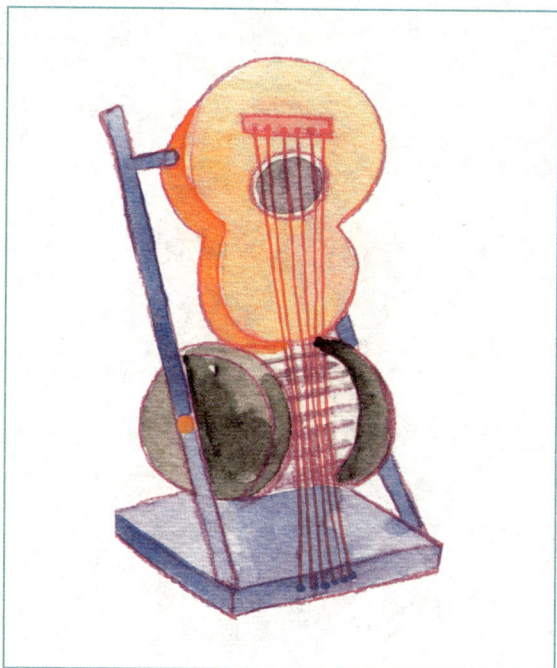

有一个非常著名的实验，利用视觉暂留现象，让人们可以肉眼看见声波的传递。一把吉他和一个黑色圆鼓，圆鼓上有白色条纹，吉他倒立，圆鼓在琴头琴弦处。拨动吉他弦，然后转动圆鼓，可以看见正在黑鼓上的线条如同相机里的闪光灯，随着琴弦的振动移动着，其实这就是声波振动作用的结果。这个实验装置在北京的索尼探梦科技馆有展览，有机会可以去看看哟！

你听说过声波充电器吗？

电子时代离不开充电器，外出旅行出差，"记得带充电器"成了必须提醒自己的内容。有手机充电器，MP4 音乐播放器的充电器，应急电灯的充电器……手机的应用越来越广泛，给朋友打电话时突然没了

电，是件尴尬又烦心的事情。现在不少的科学技术都使用"能量转换"，利用风能发电，把光能转变成电能，我们的说话声音也是声能啊！有没有想过如果我们打电话发出的声音同时也能为手机充电，那该多好呀！

这已经不是存于大脑想象中，韩国科学家研制出可以用声波来充电

的充电器，他们提取从炉甘石液中提炼出某物质。再打造出一个以这种物质为原料的能量板，这样，声能就转换成电能了。

不过目前这项技术还不是很成熟，随着研究的进一步加深，相信这项发明终有一天会投入市场。

声悬浮是什么？

磁悬浮已经不是一个冷门的词汇了，二十一世纪以来，在我们国家的有些路段，已经出现了磁悬浮列车。整辆列车不着地，略微高出地面，悬在空中，好像脱离了地球引力一样。地球上的万事万物都无法脱

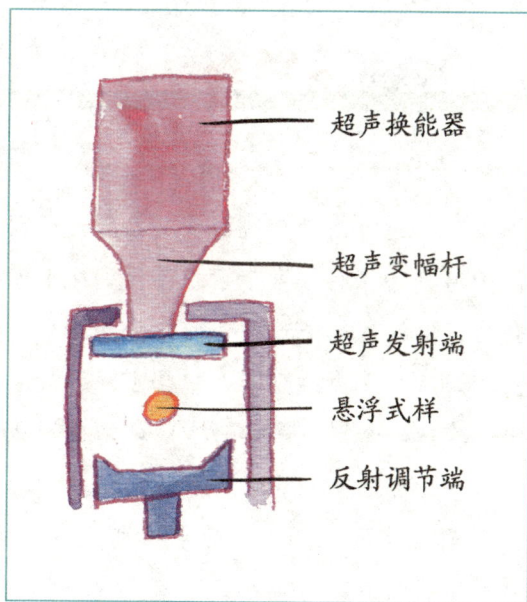

超声换能器

超声变幅杆

超声发射端

悬浮式样

反射调节端

离地球引力，但磁悬浮列车是通过磁铁的"同极相斥，异极相吸"的原理，巧妙地暂时摆脱了引力的控制。磁悬浮列车速度快、污染小，专家预计磁悬浮列车将推动地面交通的革命性变化。

大致地了解了磁悬浮，再聊聊声悬浮。有人说"声音怎么能够悬浮呢？声音里面没有同级相斥的原理呀！"声音可以悬浮，而且，声音的悬浮技术不依靠磁悬浮的原理。

最早提出声悬浮技术的是十九世纪德国科学家孔特，当时他意外地发现声波可以让尘土颗粒悬浮，声悬浮研究由此揭开了序幕。声波和物体相互作用时会产生垂直方向的力，这个力就是声悬浮得以实现的基础。2010年，西北工业大学的几个研究人员也做了一个声悬浮的实验，蚂蚁、鱼、瓢虫等动物在实验室里进行了一起奇妙的悬浮旅程。

既然小动物们都飘起来了，那人可不可以通过声悬浮"悬"在半空呢？遗憾的是，目前还不能，人的体重比起那些小动物实在是太重了，技术上暂时还不能达到把人"悬"的程度。

小链接

磁悬浮列车在行驶的途中和地面没有接触，最大的阻力是空气的阻力。1934年德国科学家申请了悬浮列车的专利，上个世纪七十年代后，世界上几个工业大国纷纷开始了磁悬浮列车的研究实验。2003年，磁悬浮列车在中国上海开始它的奇妙之旅。这条中德合作的磁悬浮线路西起上海轨道交通2线冬至浦东国际机场，也是世界上第一条磁悬浮商运线。

目前磁悬浮列车有两种，一种是常导型，一种是超导型。磁悬浮列车清洁、无噪音、污染小，而且高速。不过，磁悬浮列车行驶依靠电，一旦出现断电现象后果将不堪设想；另一方面，高磁场的环境对人体健康是否会产生不良影响还需要进一步论证。

师生互动

　　学生：声波形状都是一上一下的吗？

　　老师：声波的振动形状图可以说是像折线统计图一样，一上一下，有时密集有时比较松散。其中最简单的波动形式是正弦波，它发音有规律，几乎没有其他的杂音。质量上乘的音叉发出的声音就是正弦波。其他绝大多数的声波都没有固定的规律，声波图看起来很杂乱无章。

声音有颜色吗

◎智智拿出彩笔和画纸，对着美术书上色彩斑斓的画临摹。

◎智智一手拿蓝色彩笔一手拿红色彩笔，认认真真地画着。

◎临摹好后，智智拿给妈妈看。

◎妈妈拿着画。

你能听见声音的颜色吗？

　　声音有颜色吗？绝大多数人都会说"没有"。如果有颜色，那声音怎么回事看不见摸不着的呢，那这个世界岂不是到处都有颜色呢！但是，还真有人可以分辨出声音的颜色，他不是用眼睛看见的，他是用耳朵听到声音颜色的。

　　文学里有一种修辞手法叫做"通感"，也叫"移觉"，是"以感觉

写感觉"，将描述一种感官的词语用在另一种感官上。比如说朱自清《荷塘月色》中"塘中的月色并不均匀，但光与影有着和谐的旋律，如梵婀玲上奏着的名曲"，这一句就是运用了通感的手法。作者用眼睛看到荷塘，但他把荷塘月色形容是"奏着的名曲"，原本只是视觉的感受却变成了视觉和听觉的盛宴。

据英国媒体报道，英国有位叫尼尔·哈比森的患有色盲症的画家，就是通过声音来感知颜色的。一个色盲症患者只能看到黑、白、灰几种颜色，他怎么能成为画家呢？其实，哈比森在自己的头部安装了一个特殊的摄像头装置，这个装置让他分清事物的颜色。

究竟这个摄像头是如何通过声音来分辨颜色的呢？原来，摄像头捕捉到前方物体的颜色后会记录下这个颜色的光波频率，然后通过编写好的程序把光波频率转变成声波频率，声波频率能够被人耳听见。并且，在编写程序的时候就约定好各种声音所代表的颜色，比如最低频音是红

色、尖锐的声音是紫色等。哈比森听到传入耳朵里的不同声音就知道不同的颜色了。

这个发明让视觉有障碍的人能够"听"颜色，是不是一件很奇特的事情？

什么是视听联觉？

哈比森戴的特殊装置可以把视觉上看到的东西转变成声音，通感手法中也常会无意识地以听觉的效果来描述视觉上看到的东西，这种就是视听联觉。有些人听到一些声音后就会觉得自己"看到"了几种颜色。

联觉是无意识地自发性的行为，除了文人骚客的艺术表达之外，针对有些人的视听联觉，医学上称为"神经系统疾病"。原来，这种文学中再正常不过的修辞手法如果在生活里"使用过度"居然会被扣上"神经系统疾病"的帽子啊。正常的联觉是人们审美心理的表现，朱自清正是因为欣赏到荷塘的美才会产生联觉。

　　一般来说，从事艺术工作的人会比其他人更容易联觉，他们会把自己看到的联想成自己听到的，从而加深了自己对这个事物的印象。视听联觉常常被用于音乐的教学，老师放一首曲子时相应地搜集一些图片，让通过这些图片更好地了解曲子的情感。

　　从视觉到声音，联觉是一份欣赏，是一份审美。

什么声音令人生厌？

　　我们在倾听声音的时候，是一种审美，但并不是万事万物都会让我们有审美的情绪，有些声音则是令人生厌的，也许它们并不完全属于按照物理学对于噪音的定义，可它就是让人们厌烦。

　　国外研究者给对 13 位志愿者放了 74 种不同的声音，得出了大家普遍公认的十种最讨厌的声音，它们是：小刀划杯子、叉子划玻璃、粉笔蹭黑板、尺子磨杯子、自行车刹车声等。

据调查，如果人们听到了让自己不愉快的声音，他大脑里的杏仁核会变得活跃起来。人脑中的杏仁核因为是杏仁形结构而得名，是跨大脑两侧的组织，和人们处理害怕恐惧等情绪有关。当人出现情绪上的波动时，大脑里的杏仁核就会变得活跃。

不管怎么说，我们都要尽可能少制造出让人讨厌的声音。有人曾说，世界上最美妙的声音是人们的笑声，谁说笑声不美妙呢？谁不希望自己每天开开心心，发出爽朗的笑声呢？好的情绪不仅让自己身心愉悦，还可以让周围人受到感染。

小链接

色盲症是视力上出现的障碍，与后天因素关联不大，几乎全是天生的。色盲症分为好几类，最常见的是红绿色盲，他们不能认清红色和绿色。因为所有的颜色都是由红、绿、蓝这三种颜色"混搭"而成。色盲症最早是由近代化学之父英国化学家道尔顿提出来的，他在某天突然发现自己是色盲，所以色盲症也叫"道尔顿症"。

色盲症患者一般不被允许拿驾照，有些兵种也不招色盲症患者。现在有专门的色盲眼睛，根据不同的色盲症状，运用补色，可以帮助色盲患者分辨出颜色，达到矫正的目的。

师生互动

学生：声纹居然能够帮助警察破案呀！

老师：没错。声音中有乐音有噪音，乐音能够让人们身心愉悦，放松心情；而噪音也可以被人们用来驱鸟。有关声音的应用实在是数不胜数，声音不再仅仅是听的，如今医学领域声音治疗的应用已经越来越广泛。其实，声音还能够成为警方破案的小助手呢！

大家都知道，犯罪现场的取证很重要，目前可以区别人的是指纹和DNA，每个人的指纹和DNA都是不一样的，这也成了搜集证据的重要工具。其实，每个人的声纹也不一样呢！每个人的音色不同，声带的长短松紧以及声道形状也不尽相同，即便是双胞胎的声音也是各具特色。通过计算机编程，可以把声音绘制成声谱，这声谱就像是人的指纹和DNA一样独一无二。现在，在我们国家有的地区，警方正在逐步建立声纹数据库，方便今后寻找犯罪嫌疑人。声音破案在一些电话敲诈勒索中起到了非常大的作用。

经过真人真事改编的美剧《别对我撒谎》中，鉴谎专家莱特曼还可以分析人说话时的语音、音调、有没有颤音、用语方式等来辨别此人是否撒谎。

声音能够破案，这听起来很神奇吧！

自然界的声音干涉——虎蛾影响蝙蝠

◎智智在家里玩吸铁石，妈妈在旁边看着。

◎智智让两块吸铁石吸在一起。

◎智智把其中一块吸铁石翻了个面。

◎两块吸铁石之中好像有无形的力量，怎么都不能吸在一起了。

这就是相斥。

虎蛾如何影响蝙蝠

　　蝙蝠和虎蛾是我们耳熟能详的哺乳动物。在中国，由于蝙蝠的"蝠"字和"福"字读音一样，古人一直把蝙蝠当成"福气"和"好运"的象征；虎蛾更是种类繁多，而且个个打扮得"花枝招展"，也成为乡间田野里美丽的风景线。唯一让人头疼的是，虎蛾喜欢吃叶子，这给庄稼带来了危害，农民伯伯也为此困扰不已。不过，大家知道吗？其实这两种动物之间

还有一些不解的"情缘"呢。今天我们就从这个问题谈起。

虎蛾和蝙蝠之间常常是这样的一种场景：一只虎蛾自由自在无忧无虑地飞来飞去，可就在这个时候，旁边饥饿无比的蝙蝠猛扑过来，动作当然是相当快的，眼看着就要捉到虎蛾了。可是结果呢？小虎蛾以飞快的速度逃离了蝙蝠的捕捉，蝙蝠竹篮打水一场空，白忙活一场。真奇怪呀，明明看见蝙蝠的飞行速度很快的呀，按照蝙蝠的速度，捕捉到虎蛾是完全没有问题的呀，虎蛾是怎样做到逃离蝙蝠的"魔抓"的呢？

科学家通过实验表明，原来，蝙蝠在寻找虎蛾时，首先得通过自己的尖叫发出超声波，并依此判断虎蛾的位置所在。可是，小虎蛾还是很聪明的，它想出了这样的办法：自己也发出类似于超声波的滴答声，而且声音很大很快，从而扰乱蝙蝠的声呐定位系统，让它像丈二的和尚——摸不着头脑。

蝙蝠辨别事物靠回声，它的视力不好，看不清前方，就发出声波来判断前方是否有威胁。蝙蝠是唯一可以飞行的哺乳动物，它的回声定位在仿生学里也有很大的应用，可就是面对这样一个"聪明"的动物，虎蛾更是一点都不怕。虎蛾想，你蝙蝠发出了超声波，哼，那我也发出波来扰乱你！

至于虎蛾的"大嗓门"是如何具体阻挡蝙蝠攻击的，现在科学界还存着争论。不过，有一点是可以肯定的：自然界确实存在着声音干涉的现象。这又一次证明了声音本身无穷无尽的魅力！

人类声音的干涉

我们都知道，声音是由振动产生的，在振动的过程中，会出现不同频率的声波。这样一来，你发出了声音，我发出了声音，很多种声音的声波就会相互交错碰撞在一起，形成了声音的干涉，人类声音的干涉也就是"波"的干涉。我们要了解"声音的干涉"还得先从"波的干涉"说起。

小时候经常向河里扔小石子玩吧？其实，这里面是大有学问的。向河里扔两个小石子，这时河面上就会出现两种不同系列的波。等这两种波相遇时，就开始留心观察，你会惊讶地发现，两种波竟然重叠了！而且更令人想不到的是，这两种波重叠后，有一些区域的振动竟然会加强了，而有些区域则变弱了。这就反映了"波的干涉"的原理。以此类推，我们也可以从"向河里扔石头"的小实验中明白"声音干涉"是怎么回事了：当两种相同频率的声波相遇时，便会出现叠加的现象，从而使得某些区域的振动增强，某些区域的振动减弱，并且这两个区域是相互独立的。

举个例子。你现在让两个相同频率的蜂鸣器同时发声，然后不断移动自己的位置，你会发现蜂鸣器声音的强弱变化来得如此明显，一会儿弱，一会儿强，变化莫测，多么奇妙！

声音干涉原理的前景

我们经常在报告厅里听到主持人讲话，但最后声音的效果总是不佳，杂音很多。这就是"声音的干涉"在起作用了。因为，一般的报告厅里都安放了许多不同种类的扬声器，虽然提高了声压，最后还是造成了"干涉"的现象，声音效果自然会大打折扣了，严重者甚至会出现声音"失真"的后果。

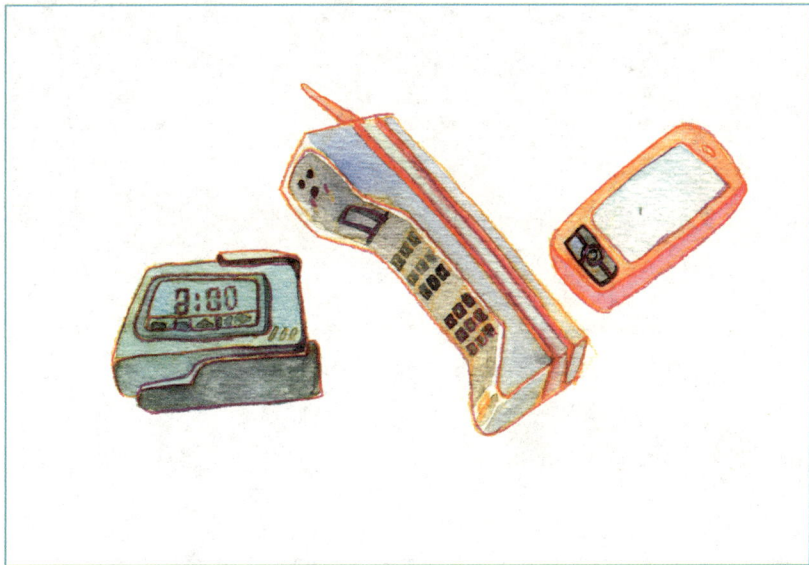

现在许多"扬声器"的制造商渐渐注意到了"声音干涉"的问题，在产品设计中，更加注意到了利用频率的"时差"，使得产品本身的声效得到了显著的提升。如2011年美国麦博电器推出的新一代多媒体音乐播放引擎"净听技术"即是一例。

据麦博官方表示，"要想彻底解决音箱内的声音干涉和箱染的问题，并且提供非常好的近场聆听体验，最根本的方法就是取消扬声器的腔体，即

音箱。"显然，麦博公司是意识到了利用"声音干涉原理"的重要性。

当然，市面上出现的各种"消声器"也是利用"声音干涉原理"制造而成。比如汽车消声器，即利用声波的干涉和重叠原理完成。汽车消声器是由两个长度不同的管道构成，两个管道在结构上是先分开后重合的。从而使声波在叠加时相互抵消，从而降低汽车的声音。

小链接

现在全世界共有虎蛾的种类约 3000 种，品类之多，在生物系统中，也是独树一帜的。虎蛾多分布在热带和亚热带地区。我国境内发现的虎蛾有葡萄修虎蛾和艳修虎蛾两种，主要集中在黑龙江，辽宁等地区。虎蛾的喙比较长，复眼（一种由不定数量的单眼组成的视觉器官）较大，少数有毛。从幼虫到成虫的过渡期称为"裸蛹"。成虫后，喜欢日间飞行，飞翔力很强。

师生互动

学生：老师，既然有声音干涉，有没有光波干涉呢？

老师：也有光波干涉。其实一切波都会出现干涉现象，比如光波、水波、声波等，光的干涉最早是由 19 世纪英国物理学家发现的。影响干涉效果的因素之一就是波长，而声波比光波来得长，更容易发生干涉现象。

动物可以听懂人讲话吗

◎智智和妈妈在小区里，准备回家。

◎一个老爷爷在遛狗。

◎小狗立即到了老爷爷的脚边蹲了下来，
　看着老爷爷。

◎智智很疑惑。

狗真通人性吗？

看马戏团的杂耍表演，不得不感叹动物们的聪明机灵，"过来"主人一声令下，猴子、猩猩等乖乖地来到主人身边，"转个圈再给大家鞠一躬"，动物们也照办。那些动物就好像孩子一般地听话，是这样的吗？经过训练的动物真的可以听得懂人讲话吗？

按照科学观点，人是唯一的高级动物，与其他低级动物不同的是，人有思想、有丰富的语言，而动物的所谓情感只是出于本能，它们的声音也只是单调的喊叫声。既然如此，为什么有的动物可以按照人的意愿来行事呢？

人们常说狗可以通人性，狗是人类忠实的朋友，养狗的人往往也是看中了狗的忠诚。在许多人看来，狗是有感情的动物，你哭，它的情绪低落；你笑，它也高兴地摇着尾巴。狗像一个忠实的奴仆一样对主人忠心耿耿，唯命是从。可是，"汪星人"是否可以明白人的意思呢？

国外有学者专门对此进行了研究，他们发现狗的智商就基本上和一岁出头的婴儿相似，已经具备了最基础的、非常初步的判断思维能力。科学家们还发现，狗在长期和人类的接触中，不自觉地会有一个"左斜视"的动作。关键是这个斜视动作只有在狗看人的时候才会出现，研究人员把其他动物给狗看狗并没有向左斜视。这是一个很有意思的现象，从侧面也体现了狗与人之间的某种密切的关联，科学家对这个现象还没有一个确切的解释，姑且理解为人的右半脸更能够传递感情吧！

小动物能够听懂人的讲话吗？

海洋馆里时常能看见海豚的表演，那些乖巧的海豚和训练师配合良好。训练师打了一个手势，海豚窜进了水底下，不一会儿就一跃而起，半空中闪现出了一道优美的弧线；憨态可掬的海豚还能有模有样地用尾

巴和观众们打招呼，惹得大家都哈哈大笑起来。最令人称奇的是，海豚还可以做数学题呢，游客在纸板上写下 10 以内的数学加减法，可爱的海豚用嘴轻拍着木板来表示得数。

类似的表演还出现在前文提到的猴子、狗身上，它们经过了长时间

训练后变得"聪明"而且能"听懂"人的语言，可以受人们的使唤。但是，尽管如此，它们的举动只是条件反射，是一种在长期的驯化最普通最平常的生理行为。训练员在"教育"它们的时候，多会采取"激励"政策，用食物来当作奖品鼓励它们完成一个个动作。所以说，这些小动物是不明白人们讲话的实际表达含义的，它们只知道当训练员发出什么样的声音的时候它们该有什么举动，因为完成了这个动作就会有食物吃。虽然动物们不懂得人类语言，可是它们依然很可爱呀！你说是吗？

鹦鹉学舌是什么原因？

花鸟市场里，关在笼中的引物或者八哥会冷不丁地冒出一句"你好！"听起来惟妙惟肖，像极了人的声音。鹦鹉学舌古来有之，在宋朝的《景德传灯录》里就记载"如鹦鹉只学人言，不得人意。"说的就是鹦鹉只懂得模仿人讲话的声音，不知道讲话的意思，现在也用"鹦鹉学舌"来比喻那些只知道随声附和却没有自己的思考想法的人。

模仿是动物的本能行为，但是不是所有的动物都可以模仿人的声音，而鹦鹉八哥等鸟类可以学人讲话，主要是因为它们的特殊的发声器官构造。鸟类的舌根很厚实发达，舌头形状与人类相似，再加上它们的鸣管结构有利发音，鸟类也可以学会人类的复杂语言。

鸟儿的声音清脆悦耳，农忙时节的农田上空，几只布谷鸟在天上飞来飞去，它们似乎比农民伯伯更焦急，一声声"割麦插禾……布谷布谷……"的声音久久回荡。

小链接

鸟类的声音让我们着迷，可你知道吗，蜂鸟还是鸟类的作曲家呢！美国的研究人员发现蜂鸟可以自己编曲，它们可以在已有的基础上加入其他的音节，组合成新的鸣叫声；蜂鸟神经系统还能够把一些杂乱的音调重新编排，形成新的旋律。蜂鸟真厉害，它不仅是鸟类中唯一可以向后飞行的，还是作曲家呢！

师生互动

学生：是不是所有的动物经过训练可以完成规定的动作呢？

老师：从理论上讲，所有的动物都可以被驯服，但是并不是所有的动物人们都会去驯服。现在训练最多的还是一些性情比较温和、具有一定智商的动物，比如说海豚的智商就相当于是四五岁的儿童。这样的动物训练起来比较容易，不至于让训练员太累。如果是训练狮子、老虎这样天性暴躁的动物，需要投入的心血很多，而且训练员的人身安全也很难得到保障。当然了，总而言之，在这个无奇不有的世界，训练什么动物的都有。

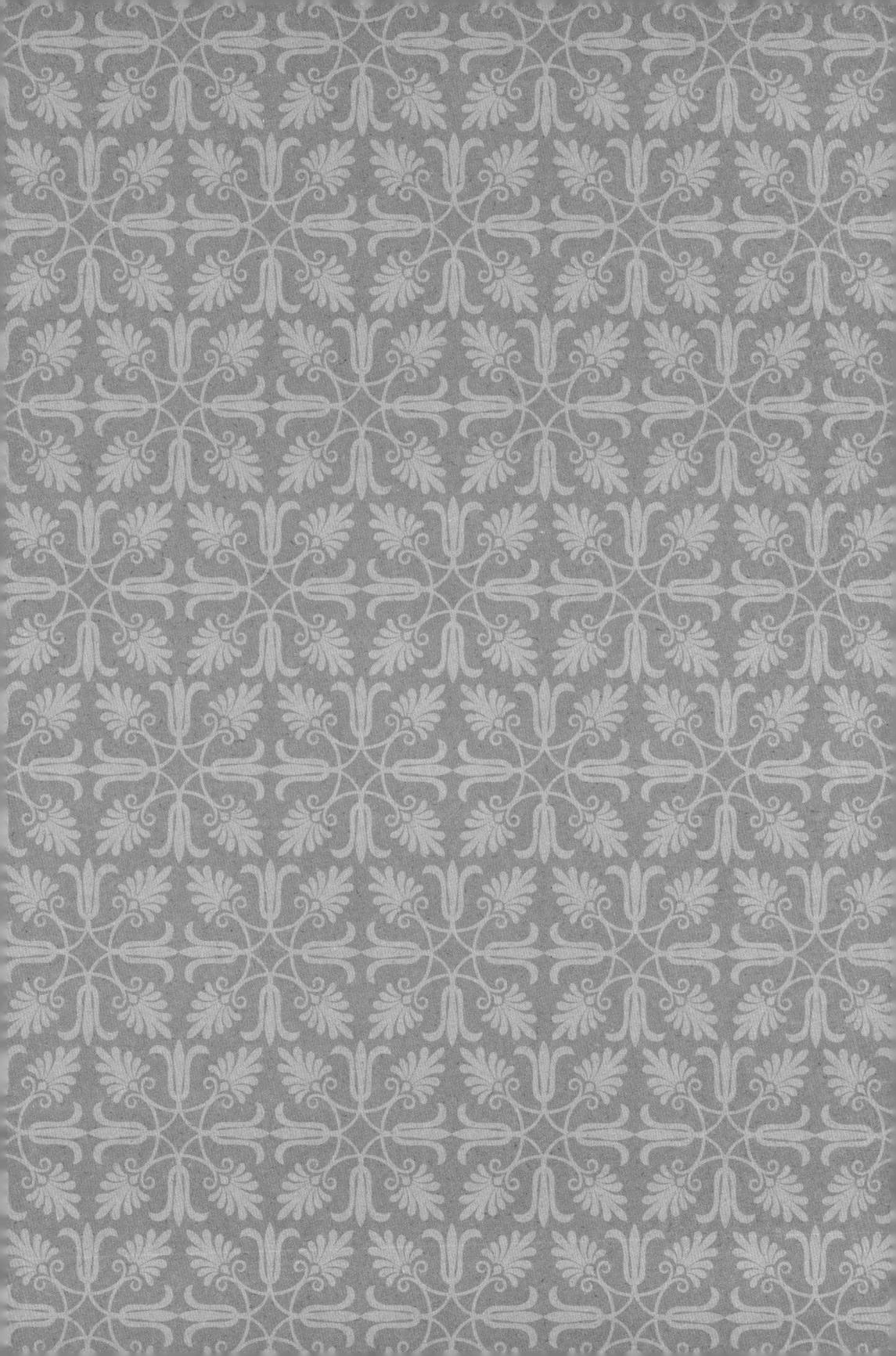

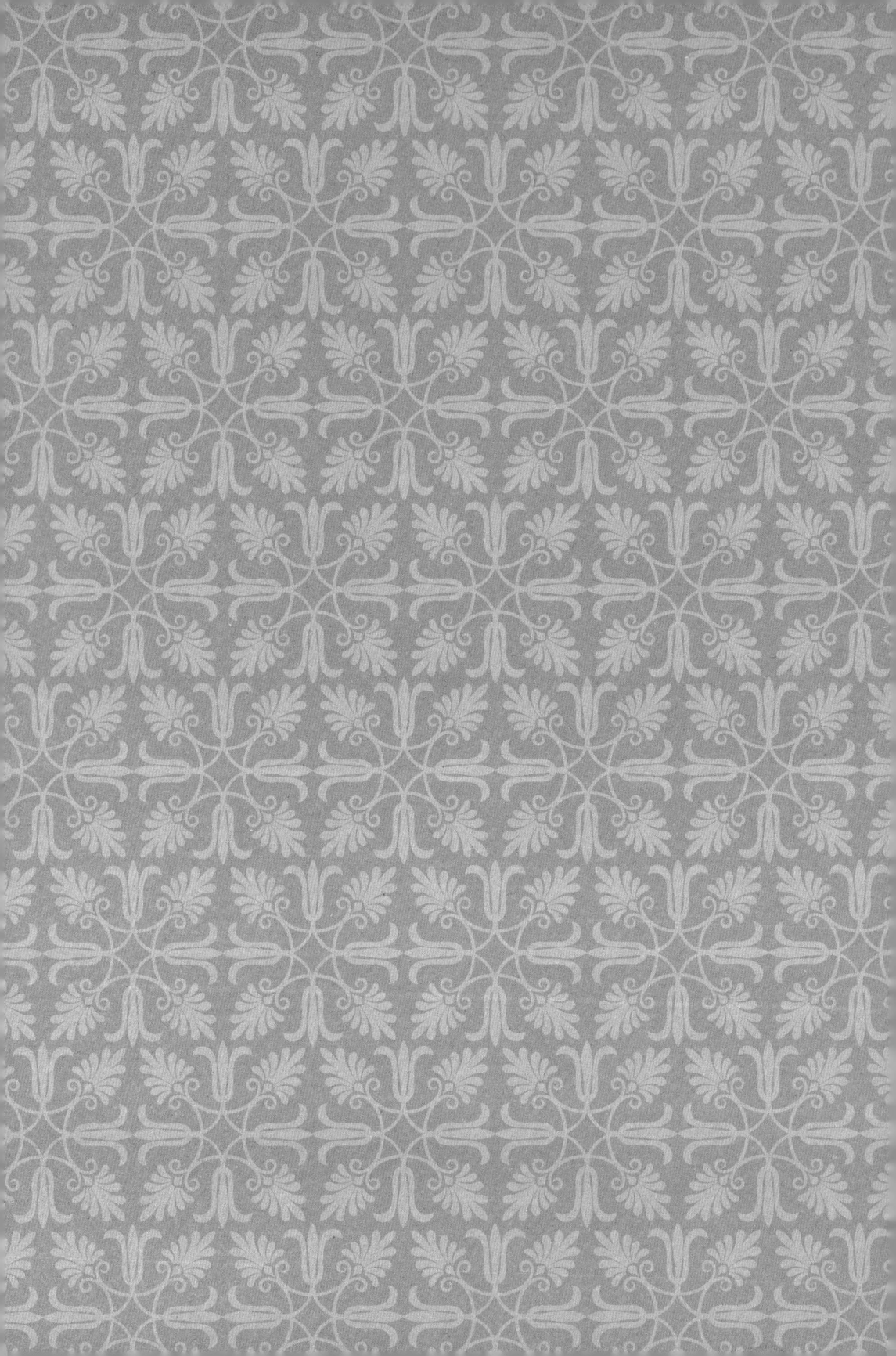